学术专著·材料科学与工程

压电薄膜材料与器件制备技术

张涛 著

西北工业大学出版社

【内容简介】 本书主要讲述了压电薄膜与压电微型器件制备技术,主要内容分为引言、上篇、下篇和后记。在引言部分,对全书内容做了总体介绍。在上篇中,介绍了薄膜材料基础知识和基本制备方法,对当前国内压电薄膜的研究进展做了简单陈述,主要阐述高压电性 PZT 基三元系铁电薄膜 PMnN‐PZT 的制备与表征。在下篇中,介绍了压电器件的分类和声学器件的基础知识与进展,主要阐述了薄膜体声波谐振器(FBAR)的理论仿真、模拟与性能优化方法。在后记部分,对全书内容进行了总结。

本书可作为声学、材料学、微电子学等相关专业研究生的教学参考用书,也可供声学、压电学、薄膜材料和微型机电器件研究领域的科研工作人员参考。

图书在版编目(CIP)数据

压电薄膜材料与器件制备技术/张涛著 . —西安:西北工业大学出版社,2012.9
ISBN 978‐7‐5612‐3480‐8

Ⅰ.①压… Ⅱ.①张… Ⅲ.①压电薄膜—压电材料—制备②压电薄膜—压电器件—制备 Ⅳ.①TM22

中国版本图书馆 CIP 数据核字(2012)第 226225 号

出版发行:西北工业大学出版社
通信地址:西安市友谊西路 127 号   邮编:710072
电 话:(029)88493844 88491757
网 址:www.nwpup.com
印 刷 者:陕西向阳印务有限公司
开 本:727 mm×960 mm 1/16
印 张:12.5
字 数:208 千字
版 次:2012 年 9 月第 1 版   2012 年 9 月第 1 次印刷
定 价:28.00 元

前　言

本书是笔者近年来在声学器件及其制备材料方面的研究积累，结合目前微型机电器件发展对高性能压电薄膜的迫切需求，以及微型声波器件理论仿真与性能优化需要，适当补充薄膜与器件制备基础知识和国内相关研究进展编著而成的。

本书主要内容分为引言、上篇、下篇和后记四个部分。在引言部分，对全书内容做了总体介绍。在上篇中，介绍了薄膜材料基础知识和基本制备方法，对当前国内压电薄膜的研究进展做了简单陈述，主要阐述高压电性 PZT 基三元系铁电薄膜 PMnN-PZT 的制备与表征。在下篇中，介绍了压电器件的分类和声学器件的基础知识与进展，主要阐述了薄膜体声波谐振器（FBAR）的理论仿真、模拟与性能优化方法。在后记部分，对全书内容进行了总结。

本书的独创性内容主要源于笔者的博士导师张淑仪院士、副导师 Kiyotaka Wasa 教授的指导。在压电薄膜与压电器件基础理论方面，参考了王春雷、符春林、宁兆元、许小红、何鹏举、潘峰、张亚飞等人在相关领域方面的著作。本书属于研究型著作，涉及的知识领域方向性较强，适合从事声学、材料学、薄膜技术和微电子等相关领域研究生选用。此外，也适合声学器件、功能材料、薄膜技术和微型机电器件技术研究领域的科研人员参考。

感谢笔者的父母、妻女和朋友对笔者工作的理解和支持，感谢西安科技大学各位领导在工作和生活中给予笔者的大力支持，感谢笔者的硕士研究生孙斌、陈丹、姚顺奇和古澳等人在本书素材整理部分所做的工作，感谢西北工业大学出版社有关编辑为本书出版所做的工作。

同时，本书的内容研究与顺利出版得到了西安市科技局工业应用技术研发项目（No. CXY1125（8）），西安市产业技术创新计划项目（No. CXY1253①，No. CXY1253②），国家自然科学基金项目（No. 61201088），教育部博士点新教师基金（No. 20106121120001），中国博士后科学基金面上资助（No. 20100471624），陕西省科技统筹计划项目（No. 2012KTCL01－12），陕西省自然科学基金（No. 2010JK673，No. 2009JQ1005）和陕西省教育厅产业化项目（No. 2011JG10）的支持,在此一并表示感谢。

限于笔者的学识和水平,书中的错误与不妥之处在所难免,希望读者批评指正。

著 者

2012 年 6 月

目　　录

引　言

本书主要内容分为上、下两篇。上篇主要阐述与研究压电薄膜制备技术，下篇主要研究与压电薄膜直接相关的压电器件制备技术。

在上篇中，第一章首先介绍了薄膜生长与薄膜结构，对于薄膜基本生长原理及薄膜结构分类做了介绍；其次引入了压电效应，解释了压电效应和逆压电效应的原理；最后，介绍了压电薄膜在实际中的应用。

第二章系统介绍了压电薄膜的几种制备方法，例如溶胶-凝胶(Sol-Gel)法、真空蒸发法、溅射法(射频磁控溅射、直流磁控溅射)、化学气相沉积法和脉冲激光沉积(PLD)制备方法等。

第三章中，介绍了铁电效应与铁电材料，对于铁电材料的发展做了综述；引入了三元系 PMnN－PZT 体材料，阐述了材料的配比对性能的影响规律。在第一节中，主要介绍根据三元系体材料陶瓷(PMnN－PZ－PT)的晶相、机电耦合系数和机械品质因数随组分比例的变化规律，将铌锰酸铅(Pb(Mn$_{1/3}$,Nb$_{2/3}$)O$_3$,PMnN)、锆酸铅(PbZrO$_3$,PZ)和钛酸铅(PbTiO$_3$,PT)按一定配比混合，用磁控溅射的方法在单晶 MgO 基异质结构 SRO(110)/Pt(002)/MgO(001)基底上制备了三元系 0.06 PMnN－0.94PZT(45/55)薄膜，给出了该三元系薄膜的磁控溅射制备条件，同时介绍和引入了快速淬火的后期热处理方法。

在薄膜的表征中，利用高精度台阶仪测量薄膜的厚度，利用 X 射线衍射(XRD)表征薄膜的生长方向、晶体结构和晶格常数。结果表明，在异质结构氧化镁基底上制备的三元系 0.06PMnN－0.94PZT(45/55)薄膜是高 c 轴取向的单晶薄膜，且该三元系铁电薄膜为四方晶构钙钛矿相。利用扫描电子显微镜(SEM)观察了薄膜表面形态和截面结构，表面观测图显示，实验制备的单晶 0.06PMnN－0.94PZT(45/55)薄膜表面平整、颗粒均匀。其截面图显示薄膜质地均匀、致密，无多晶的柱状结构出现，该结果也佐证了薄膜的单晶结构。利用悬臂梁方法和高精度激光测振系统定征了薄膜的横向压电应力系数，薄膜的横向压电应力系数为 -11.2 C/m^2，横向压电应变系数约为 -121×10^{-12} C/N，该压电系数可与二元系近 MPB 处 PZT 体陶瓷的压电系数相当。利用 Sawyer Tower 电路测量了该三元系铁电薄膜的铁电特性，该三元系铁电薄膜的铁电滞回曲线显示薄膜呈现典型的硬铁电响应，高达 $P_s=60\mu$C/cm^2 的剩余极化强度显示该薄膜具有优异的铁电性，并利用 LCR 数字电桥测量了薄膜的介电系数和介电损耗因子。良好的单晶取向使得该铁电薄膜具有低的介电性,其相对介电系数仅为 260,该值远小于相应二元系 PZT(45/55)体陶瓷的相对介电系数,且其介电损耗因子仅为 1%。

良好的薄膜质量,优异的铁电性、压电性和介电性以及其潜在的高机械品质因数,使得 0.06PMnN - 0.94PZT(45/55) 单晶三元系铁电薄膜有望应用于压电器件、声学器件、MEMS 和铁电器件的制备中。

考虑到硅半导体器件集成化发展的要求,我们在 Si 基异质结构 $SrRuO_3$(SRO)/Pt(111)/Ti/SiO_2/Si(100) 基底上制备并研究了 PMnN - PZT 三元系薄膜。第三章介绍的研究内容重点在 3.2,3.3 两节。在 3.2 节中,介绍了我们利用 3.1 节得出的 6% 摩尔为最佳添加比例的结论,在异质结构 Si 基底上成功制备出了具有出色压电性和良好铁电性的 PMnN - PZT 三元系多晶铁电薄膜,即 0.06PMnN - 0.94PZT(50/50)。该薄膜具有出色的压电性,其横向压电应力系数为 -14.9 C/m^2,横向压电应变系数为 -184×10^{-12} C/N,横向机电耦合系数为 65.3%。其压电性能不仅高于第二章所述在 MgO 基底上制备的 0.06PMnN - 0.94PZT(45/55) 薄膜,而且其压电系数接近于同等条件下制备的二元系 PZT(50/50) 薄膜压电系数的两倍,由该薄膜制备的硅基悬臂梁也呈现出很高的位移和力灵敏度。该薄膜也具有明显优于非掺杂二元系 PZT(50/50) 薄膜的铁电性、较大的介电系数、略大的介电损耗因子和略低的居里温度,这些结论与 3.1 节中得到的 PMnN 添加对 PZT 的改性规律相符。硅基底上高压电性、良好铁电性和潜在的高机械品质因数的三元系 PMnN - PZT 薄膜的成功制备,克服了 MgO 基底不可集成、耐腐蚀性差和高成本的缺点,使得该三元系铁电薄膜的实际应用成为可能。

在 3.3 节中,介绍了研究 PMnN 添加对 PZT 的改性规律。我们在异质结构硅基底上制备了不同摩尔比例 PMnN 添加的 PZT(52/48)薄膜,并对薄膜的性质做了定征与比较。实验结果表明,适当比例 PMnN 的添加能改变薄膜晶格常数,但却不改变 PZT 的晶相,并且明显改善了 PZT 的铁电性;而过量 PMnN 的添加会导致焦绿石结构出现,且使得薄膜呈现病态铁电性。同时,PMnN 的添加会导致 PZT 薄膜的介电系数和介电损耗因子增大,并且降低 PZT 的居里温度。比较不同比例 PMnN 添加对 PZT 的影响结果发现,PMnN 的添加应不超过 10% 摩尔比例,因而给出 6% 摩尔比例为薄膜综合性能最佳的添加比例。该摩尔比例 PMnN 添加的 PZT(52/48)薄膜呈现出色的铁电性、适中的介电系数、介电损耗因子和较高的居里温度,并且具有潜在的高机械品质因数。

在下篇中,第四章介绍了压电器件及其研究进展,阐述了声学器件工作原理及其应用。第五章从理论上研究了薄膜体声波谐振器,主要介绍了薄膜体声波谐振器的基本结构、原理及应用。

　　第五章引入了传输矩阵法理论,对薄膜体声波谐振器进行了理论仿真与模拟。在仿真和模拟中,我们利用传递矩阵和传输线路法推导了薄膜体声波谐振器(FBAR)的输入阻抗公式,并使用 IEEE 1976 - 1987 有损压电振子的谐振频率的定义计算了 PZT、ZnO 和 AlN 压电薄膜与不同电极材料组合的 FBAR 的谐振频率、有效机电耦合系数和谐振品质因数等参量,纠正了 Chen 等人有关 FBAR 的有效机电耦合系数随压电薄膜的机械品质因数增加而减小的错误结论(发表于 APL),指出该结论错误的原因在于用无损的定义来研究损耗对 FBAR 性能的影响,并且利用 IEEE 有损谐振频率定义重新研究了该内容,给出了压电薄膜机械品质因数并不影响 FBAR 有效机电耦合系数的结论。除此之外,该章还介绍了研究材料弹性(电极与压电薄膜的面密度比率)对 FBAR 有效机电耦合系数的影响。由结果可知,电极与压电薄膜的阻抗比率决定了该影响曲线的变化规律,对于相近阻抗比率的 FBAR,其有效机电耦合系数随面密度比率变化的最大增加比率和该极值所对应的面密度比率相近,该结论适用于不同压电薄膜和电极材料。同时,举例说明如何利用该结论结合特定的谐振频率要求来优化 FBAR 的有效机电耦合系数。此外,还研究了 FBAR 材料的机械品质因数对 FBAR 谐振品质因数的影响,结论表明,压电薄膜和电极的机械品质因数直接影响 FBAR 的谐振品质因数,FBAR 的谐振品质因数随材料机械品质因数的增加而增大,而电极的厚度越薄,电极材料中的声速越大,则越有利于提高 FBAR 的谐振品质因数。并且,当电极厚度非常薄时,FBAR 的谐振品质因数恒等于压电薄膜的机械品质因数。电极弹性常量(面密度)对谐振品质因数也存在影响,该影响规律取决于电极与压电薄膜的阻抗比率,阻抗比率越大越有利于提高 FBAR 的谐振品质因数。以上结论可应用于实际 FBAR 器件的理论模拟与性能优化中。

　　在后记中,对全书的内容进行了总结,目的是将本书的理论能充分应用于实际生产,通过实际应用不断促进理论研究,从而进一步扩大压电薄膜的应用领域。

上篇　压电薄膜制备技术

第一章 压电薄膜基础理论

1.1 薄膜生长与薄膜结构

薄膜是一种二维材料,它在厚度方向上的尺寸很小,往往为纳米至微米量级。最古老的薄膜可上溯至 3 000 多年前的中国商代,那时我们的祖先就已经会给陶瓷上"釉"了,汉代又发明了用铅做助溶剂的低温铅釉。涂层不仅是漂亮的装饰层,而且增加了陶瓷的机械强度,不易污染还便于清洗。近代,对薄膜的认识始于 19 世纪初,人们在混光放电过程中沉积出了固体薄膜。20 世纪后,电解法、化学反应法、溶胶-凝胶法(以下称 Sol-Gel 法)、真空蒸镀法、磁控溅射法和激光脉冲沉积等当代制备薄膜的方法问世,薄膜技术获得了迅速的发展,无论是在理论上还是在实际应用中都取得了丰硕的成果。光学薄膜首先得到研究,各种增透膜、高反膜、滤光膜、分光膜等被精确地制备、检测和分析,并在光学仪器、太阳能电池、建筑玻璃等领域得到广泛的应用。20 世纪 50 年代以后,微电子器件的发展极大地推动了压电薄膜技术的发展。薄膜工艺,包括薄膜的沉积和刻蚀已是集成电路制作的基础[1]。

薄膜的结构可以分为两种类型:组织结构和表面结构。

1. 薄膜的组织结构

薄膜的组织结构是指它的结晶形态,包括非晶、多晶和单晶结构。由这三种结构形成的薄膜分别为非晶薄膜、多晶薄膜以及单晶薄膜。

(1)非晶薄膜。非晶结构有时也称作无定形态或玻璃态结构。从原子排列情况来看,它是一种无序结构。例如,在基片温度较低时形成的硫化物和卤化物薄膜往往是无定形结构。一些氧化物薄膜(如 TiO_2、Al_2O_3 等)在室温基片上就可能形成非晶薄膜。室温下采用等离子体化学气相沉积法制备的氟化类金刚石薄膜也是无定形薄膜。

(2)多晶薄膜。在薄膜形成过程中会生成许多岛状的小晶粒,由这些小晶粒聚结形成的薄膜就是多晶薄膜。多晶薄膜是由若干大小不等的晶粒所组成的,晶粒之间的交界地区(面)称为晶粒间界。

(3)单晶薄膜。在适当的单晶基片温度、沉积速率等条件下,薄膜可以沿着单晶基片的结晶轴方向呈单晶生长,称为外延(epitaxis)。外延生长是半导体器件和集成电路生产中一种常用的工艺技术。实现外延生长必须满足三个基本条件:第一,吸附原子有较高的表面扩散速率,所以基片温度和沉积速度就相当重要。第二,基片与薄膜材料相容。假设基片材料的晶格常数为 d_a,薄膜材料的晶格常数为 d_b,在基片上外延生长薄膜的晶格失配数 $m=(d_b-d_a)/d_a$。m 值越小,表明外延生长的薄膜晶格结构与基片越相似,外延生长就越容易实现。第三,整体表面必须清洁、光滑和化学稳定性好。

2. 薄膜的表面结构

从热力学理论分析,为了使总能量达到最低值,薄膜应该有最小的表面积,即应该成为理想的平面状态。实际上这种薄膜是无法得到的,在薄膜形成的过程中,入射到基片表面上的气相原子沉积到基片表面上之后,会在表面上做横向扩散,占据表面上的一些空位,导致薄膜面积缩小,表面能逐渐被降低。另外,前期到达表面的原子在表面的吸附、堆积,会影响到达的原子在基片上的扩散,容易形成"阴影"。

吸附原子在表面上横向扩散运动的能量的大小与基片的温度密切相关。一般来说,基片温度较高时吸附原子的表面迁移率增加,凝结优先发生在表面凹处,或沿某些晶面优先生长。因为各向异性和表面粗糙度将增加表面能,结果薄膜在制备生长过程中倾向于使表面光滑。基片温度较低时,因原子迁移率很小,表面比较粗糙,而且面积大容易形成多孔结构。

3. 薄膜的生长模式

薄膜的生长模式是指薄膜形成的宏观形式,主要有三种:岛状生长形式、层状生长形式和层岛结合形式。

薄膜的形成过程可分为以下四个主要阶段:

(1)岛状阶段。在核进一步长大变成小岛的过程中,平行于基体表面方向的生长速度大于垂直方向的生长速度。这是因为核的长大主要是依赖于基体表面上吸附原子的扩散迁移碰撞结合的,而不是入射蒸发气相原子碰撞结合决定的。这些不断捕获吸附原子生长的核逐渐从球帽形、圆形变成多面体小岛。

(2)联并阶段。随着岛不断长大,岛间距离逐渐减小,最后相邻小岛可互相联结合并为一个大岛,这就是岛的联并。

(3)沟道阶段。在岛联并之后新岛进一步生长的过程中,它的形状变为圆形的倾向减少,只是在新岛进一步联并的地方才继续发生较大的变形,当岛的分布达到临界状态时互相聚结形成一种网状结构。在这种结构中,不规则地分布着宽度为 520 nm 的沟渠。随着沉积的继续进行在沟渠中会发生二次或三次成核,当核长大到与沟渠边缘接触时就联并到网状结构的薄膜上。

（4）连续膜阶段。沟渠和孔洞消除之后，再入射的气相原子直接吸附在薄膜上，通过联并作用而形成不同结构的薄膜。

4. 薄膜和基片

薄膜大都是附着在各种基片上的，薄膜和基片构成一个复合体系，它们之间存在着相互作用。在各种应用领域中，薄膜的附着力与内应力是首先要研究的课题。只有薄膜和基片之间有了良好的附着特性，研究薄膜的其他性质才有可能。另外，薄膜在制造的过程中，其结构受工艺条件影响很大，在薄膜内部产生一定的应力；基片材料和薄膜材料之间的生长系数不同，也会使薄膜产生应力。附着、扩散和内应力是薄膜的固有特征。

5. 薄膜的缺陷

薄膜中原子的不完善排列就形成缺陷。如薄膜在生长过程中会产生空位、位错，吸附杂质还会产生点缺陷、线缺陷、台阶、晶界等。一般来讲，薄膜中的缺陷密度往往高于相应的体材料，薄膜中的缺陷在外力作用下会产生运动，重新排列。可以通过退火、气氛处理等多种方式对薄膜进行再加工，以改变和控制薄膜的结构，改善缺陷的状况。

（1）点缺陷。晶体中晶格排列出现的缺陷。如果是只涉及列单个晶格节点则称为点缺陷。当沉积速率很高、基片湿度较低时，到达基片表面的原子来不及完整地排列就被后来的原子层所覆盖，这样就可能在薄膜中产生高浓度的空位缺陷。

点缺陷的典型构型是窄位和填隙原子。位于晶格节点处的原子总是在它的平衡位置附近不停地做热振动。在一定的温度下，它们的能量虽然有一定值，但出于存在能量起伏，个别原子在某一时刻所具备的能量完全有可能达到足以克服周围原子对它的束缚而逃离原来位置，于是在原来的地方就出现一个空位形成空位缺陷。逃离原位的原子或跃迁到晶体表面的正常位置，形成 Schottky 缺陷，或跳进晶格原子之间的间隙里形成 Frenkcl 缺陷。这两种缺陷均为本征点缺陷。

（2）线缺陷。当缺陷发生在晶体内部一条线的周围时，称为线缺陷。线缺陷主要是位错，包括刃位错、螺位错和混合位错。在晶体中某个原子面（一般是密排面）的某个区域使其两侧发生相对位移，就会形成位错。

在薄膜中，位错往往能贯穿至薄膜的表面，位错穿过表面的部分在表面上产生运动所需的能量很高，从而处于钉扎状态。与体材料的位错相比，薄膜中的位错相对来说更难于运动，在力学和热力学上是较为稳定的，也难以通过退火来消除。

（3）面缺陷。单晶薄膜中的面缺陷主要是孪晶界和堆垛层错。孪晶界两侧的晶体正好形成镜像关系,而堆垛层错实际上可以近似看成相邻的两个孪晶界面。在薄膜沉积生长的过程中,孪晶和堆垛层错都可以看成是薄膜原子面的堆垛顺序发生错乱而引起的。

对多晶薄膜而言,内部则还存在一类重要的面缺陷——晶(粒间)界。连接两个不同取向晶粒的晶界处的原子不可避免地会出现严重错排。在两晶粒的取向差较小时,晶界上的原子会通过局域构成位错的方式来弛豫这种畸变,这就是小角度晶界的位错模型,而晶粒夹角大于 10° 的晶界称为大角度晶界。晶(粒间)界和一般物体的界面一样具有一定的自由能。一般的多晶体在较高的温度下,晶粒的大小都会发生变化,大的晶粒逐渐侵蚀小的晶粒,具体表现为晶界的运动。在这个过程中,晶界存在一定的张力作用。在固态的相变过程中,晶界也起着重要的作用,新产生的固相,在许多情况下是在晶界处形成晶核而开始生长的。原子可以比较容易地沿着晶界扩散,所以外来的原子可以渗入并分布在晶界处,内部的杂质原子或夹杂物也往往容易集中在晶界处。这些都可以使晶界具有复杂的性质,并产生各种影响[1]。

1.2　压电原理与铁电效应

1.2.1　压电原理

压电体具有压电效应,压电系数是表征压电体的弹性效应和极化效应相互耦合关系的宏观物理量[2]。

早在 1880 年,P. Curie 和 J. Curie 兄弟就发现,在某些晶体的特定方向上施加压力或拉力,晶体的一些对应表面上分别出现正、负束缚电荷,其电荷密度与施力大小成比例,这种现象称为"压电效应"。次年,Lippmann 依据热力学方法,应用能量守恒和电量守恒这两个定律,预先推知逆压电效应的存在。之后,Curie 兄弟用实验验证了逆压电效应,并给出了数值相等的石英晶体正、逆压电效应的压电常数。

压电效应:某些电介质在沿一定方向上受到外力的作用而变形时,其内部会产生极化现象,同时在它的两个相对表面上出现正负相反的电荷。外力去掉后,它又会恢复到不带电的状态,这种现象称为正压电效应。当作用力的方向改变时,电荷的极性也随之改变。相反,当在电介质的极化方向上施加电场时,这些电介质也会发生变形,电场去掉后,电介质的变形随之消失,这种现象称为逆压电效应,或称为电致伸缩现象,如图 1.1 所示。

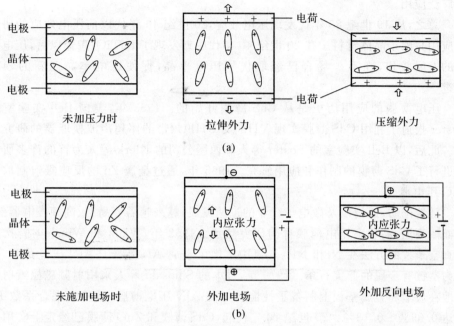

图 1.1 正压电效应与逆压电效应
(a)正压电效应——外力使晶体产生电荷;(b)逆压电效应——外加电场使晶体产生形变

　　压电晶体的特点是形变能使晶体产生极化,或者说能改变晶体的极化状态,而极化现象直接与电偶极矩有关。因此,可以通过晶体内部的电偶极矩分布与晶体对称性之间的关系来讨论晶体的压电性。

　　1916 年,Langevin 用石英晶体制作了水下发射和接收换能器,并用回波法探测沉船和海底。1917 年,美国 Bell 实验室对石英晶体、罗息盐等许多水溶性压电晶体进行了大量的研究。1918 年,Cady 研究了罗息盐在谐振频率附近的电性能。1919 年,第一个罗息盐电声器件问世。1921 年,郎之万相继研制成功石英谐振器和滤波器,开创了压电晶体在频率控制和通信方面的应用。1935 年,先后发现水溶性的铁电晶体磷酸二氢钾(KDP)和反铁电晶体磷酸二氢铵(ADP)。1938 年,又提出了利用具有热释电效应的压电晶体研制红外探测器的设想。1943 年,发现了钛酸钡陶瓷。1947 年,利用其压电效应制成了拾音器,开创了压电陶瓷的应用。之后的 1954 年,B. Jaffe 发现了钛锆酸铅(PZT)二元系压电陶瓷,它具有优良的压电性。以钙钛矿型压电陶瓷为基础,各种性能优良的单元系、二元系、三元系、四元系压电陶瓷、压电半导体陶瓷、铁电热释电陶瓷不断问世,大大促进了压电陶瓷的广泛应用。

总之,从19世纪80年代发现压电效应,20世纪40年代以前压电效应的研究和应用只限于晶体材料。在20世纪40年代中期发现了$BaTiO_3$陶瓷以后,压电陶瓷的发展较快,在不少场合已经取代了压电单晶,促使压电单晶向新的领域迈进[2]。

压电薄膜的应用历史是从CdS薄膜开始的。1963年,美国Bell实验室的Foster报道了利用CdS薄膜实现VHF及UHF频带的体超声波换能器的研究成果。此后,以Bell实验室的Foster等人和西屋公司的Klerk等人为首的许多研究者进行了CdS薄膜的制作和应用研究。1965年,通过金属Zn的反应溅射制取了ZnO压电薄膜。

随着国防、通信以及微电子行业的迅速发展,越来越需要高温、高频压电器件,因而耐高温、高功率压电薄膜称为研究热点。1968年,Wauk和Winslow首次采用真空蒸发的方法在N_2和NH_3气氛中蒸镀了金属Al,制取了AlN压电薄膜,基板为蒸镀有金属的蓝宝石条。1979年,日本的Shiosaki等人采用射频磁控溅射成功地在玻璃和金属基板上制备了性能较好的AlN压电薄膜,其机电耦合系数K^2可达$0.09\%\sim0.12\%$。20世纪70年代起,CdS薄膜和ZnO薄膜已经走上实用化阶段,而AlN薄膜还正处在研究阶段。AlN薄膜的声表面波速度是所有无机非铁电性压电材料中最高的,是GHz级声表面波(SAW)和体波器件(BAW)的首选材料。因此,AlN薄膜在SAW和BAW器件的应用又掀起了一个新的研究热潮[2]。

1.2.2 铁电效应

1. 铁电效应

对于铁电材料的研究发现,铁电材料会出现自发极化现象,材料中出现很多个固定极化方向的小区域,同一小区域中电偶极子的极化方向相同,出现单一指向,而不同区域的极化指向可能不同,这些小区域称作"畴"。对于四方晶构的铁电薄膜,不同畴极化指向的夹角只能为$90°$或$180°$,材料整体不显示极化特性。当在铁电材料上施加一定的外加电场时,不同畴的极化指向趋于一致,材料显示极化特性,且极化强度随外加电场增大而增大。外加电场达到一定值后,材料的极化趋于饱和。若施加一定频率的交流电压,则材料的极化方向转变速度慢于交流电压变化速度,因而极化电压与外加电场形成滞回曲线,具有这样特性的材料被称为铁电材料。典型的铁电滞回曲线如图1.2所示。

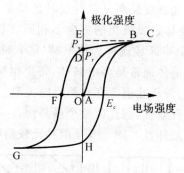

图 1.2　铁电滞回曲线

　　根据铁电滞回曲线可以获得剩余极化强度 P_r（外加极化电压为零时材料的上极化强度）、饱和极化强度 P_s（极化强度达到饱和，不再随极化电压增加而增大）和矫顽场电压 E_c（改变铁电材料的极化方向需要施加的电压）。

　　铁电材料只在一定的温度范围内表现出铁电性，超过某个特定温度时，铁电材料的自发极化消失，所有畴的极化方向与外加电压方向相同，材料由铁电性转变为顺电性，该温度称作居里温度。居里温度的大小直接决定了铁电材料可应用的温度范围，一般情况下认为在居里温度值一半的温度范围铁电材料可用，因而居里温度也是铁电材料的一个重要参数[3]。

　　外加电场为 0 时，晶体的总电偶极矩为 0。当外电场逐渐增加时，自发极化方向与电场方向相反的那些电畴体积将由于电畴的反转而不断减小，与电场方向相同的电畴则逐渐扩大，于是晶体在外电场的作用下极化强度随外电场的增加而增加。当外加电场增大到足够使晶体中的所有反向电畴均反转到外电场方向时，晶体变成单畴体，晶体极化达到饱和，如图 1.2 中的 BC 段所示。此后，电场再增加，极化强度随电场线性增加（与一般电介质的极化相同），并达到最大值 P_{max}。P_{max} 是最高极化电场的函数，将线性部分外推到电场为 0 时，在纵轴上所得截距 P_s（E 处）称为饱和极化强度。当电场从 C 处开始减小时，极化强度沿 CB 逐渐下降，当电场减至 0 时，极化强度下降到某一数值 P_r（D 处），P_r 称为铁电体的剩余极化强度。电场方向改变，并沿负值方向增加到 E_c（F 处），极化强度降至 0，方向电场在继续增加，极化强度反向，E_c 就称为铁电体的矫顽电场。随着反向电场的继续增加，极化强度沿反方向增加并达到反向饱和值 P_s，整个晶体就变成具有反向极化强度的单畴晶体。若电场由高的负值连续变化到高的正值时，正方向的电畴又开始形成并生长，直到整个晶体再一次变成具有正方向的单畴晶体。

　　电滞回线表明，铁电体的极化强度与外电场之间呈非线性关系，而且极化强度随外电场反向而反向。极化强度反向是电畴反转的结果,所以电滞回线表明铁电体中存在电畴。通常,铁电体自发极化的方向不相同,但在一个小区域内,各晶胞的自发极化方向相同,这个小区域就称为铁电畴(ferroelectric domains)。两畴之间的界壁称为畴壁。铁电晶体通常是多电畴体,每个电畴中的自发极化强度具有相同的方向,不同电畴中自发极化强度存在简单的关系。对于多晶铁电体,由于各晶粒之间晶轴取向的完全任意性,因此就整个多晶而言,不同晶粒中电畴自发极化的相对取向之间没有任何规律性。图 1.3 是两种比较简单的电畴结构示意图。

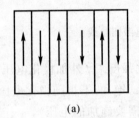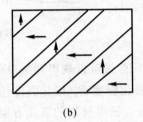

(a)   (b)

图 1.3   电畴结构示意图
(a)180°畴; (b)90°畴

晶体铁电性的另一个重要特征是存在一个被称为居里温度的结构相变 T_c。当晶体从高温降温经过 T_c 时,要经过一个从非铁电相(有时称顺电相)到铁电相的结构相变。温度高于 T_c 时,晶体不具有铁电性;温度低于 T_c 时,晶体呈现出铁电性。通常认为晶体的铁电结构是由其顺电结构经过微小畸变而得到的,所以铁电相的晶格对称性总是低于顺电相的对称性。如果晶体存在两个或多个铁电相时,只有顺电-铁电相变温度才称为居里温度或者称为居里点;晶体从一个铁电相到另一个铁电相的转变温度称为相变温度或者过渡温度。

晶体铁电性具有临界特征。所谓临界特征是指铁电体的介电性质、弹性性质、光学性质和热学性质等在居里温度附近都要出现反常现象,其中最具代表性的是"介电反常"。因为铁电体的介电性质是非线性的介电系数随外加电场的大小而改变的,所以用图 1.2 中 OA 段曲线在原点附近的斜率来表示铁电体的介电系数,实际测量介电系数时外加电场很小。大多数铁电体的介电系数在居里温度附近有很大的数值,其数量级可达 $10^4 \sim 10^5$,此即铁电体在临界温度的"介电反常"。当温度高于居里点时,铁电体的介电系数与温度的关系服从居里-外斯定律[4]。

2. 介电材料分类

正常情形下,具有铁电性或热电性的介电材料都具有压电性,然而具有压电性的介电材料不一定有铁电性和热电性,铁电性、热电性、压电性和介电性的关系如

图 1.4 所示。由图 1.4 可看出,具有铁电性的材料必定同时具有压电性和热电性[5]。由此可见,铁电材料可广泛应用于众多领域,例如,铁电、热电、压电和介电应用。

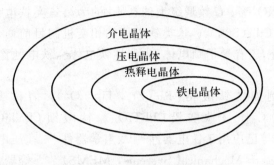

图 1.4　介电功能材料之间的关系

3. 铁电材料的种类与研究热点

1894 年,Pockels 报道了罗息盐具有异常大的压电常数。1920 年,Valasek 观察到了罗息盐晶体(斜方晶系)铁电电滞回线。1935 年、1942 年,又发现了磷酸二氢钾(KH_2PO_4)及其类似晶体中的铁电性与钛酸钡($BaTiO_3$)陶瓷的铁电性。迄今为止,已发现的具有铁电性的材料就有一千多种。

(1)根据铁电体极化轴的多少分为两类。一类是只能沿一个晶轴方向极化的铁电体,如罗息盐以及其他酒石酸盐、磷酸二氢钾型铁电体、硫酸铵以及氟铍酸铵等,这类晶体称为单轴铁电体。另一类是可以沿几个晶轴方向极化的铁电体(在非铁电相时这些晶轴是等效的),如钛酸钡、铌酸钾、钾铵铝矾等,这类铁电体称为多轴铁电体。这种分类方法便于研究铁电畴。

(2)根据铁电体在非铁电相有无对称中心亦可分为两类。一类铁电体,其顺电相的晶体结构不具有对称中心,因而有压电效应,如钽铌酸锂、罗息盐、KDP 族晶体。另一类铁电体,其顺电相的晶体结构具有对称中心,因而不具有压电效应,如钛酸钡、铌酸钾以及它们的同类型晶体。这种分类方法便于铁电相变的热力学处理。

(3)根据晶体结构和结构特征,可把铁电晶体分成两类。一类是含氢键的晶体,如 KDP 族、TGS、罗息盐等。这类晶体的特点是可溶于水,力学性质软,居里点低,溶解温度低,常称为有序-无序型铁电体,有时也称为"软"铁电体。另一类是双氧化物晶体,如钛酸钡、铌酸锂等晶体。它们的特点是不溶于水,力学性质硬,居里点高,溶解度高,常称为位移型铁电体,有时也称"硬"铁电体。

(4)按居里-外斯常数的大小分类。居里-外斯常数 C 大约在 10^5 数量级的为第一类,这类铁电体的微观相变机制属于位移型,它主要包括钛酸钡等氧化物型铁电体,近年来发现的 SbSI 是这一类中唯一的例外,它不是氧化物。C 大约在 10^3 数量级的为第二类,这类铁电体的微观相变机制属于有序-无序型,主要包括 KDP、TGS、罗息盐、$NaNO_2$ 等。C 数量级大约在 10 的为第三类铁电体,属于这一类型的晶体是 $(NH_4)_2 Cd_2 (SO_4)_3$。这类铁电体的相变机制目前尚未详细研究,也无专门的名称。此外,还有量子顺电体(先兆性铁电体)、铁电弛豫体以及有机铁电体等[4]。

铁电薄膜,例如锆钛酸铅 [$Pb (Zr_x, Ti_{1-x} O_3)$,简称 PZT]、铌镁酸铅 [$Pb(Mg_{1/3}, Nb_{2/3}) O_3$][6]、钛酸铅($PbTiO_3$)、钛酸钡($BaTiO_3$)和钛酸锶钡 [$(Ba, Sr) TiO_3$][7] 等已应用于铁电器件[8-14]、声学器件[15-17]、压电器件[18-20]和微机电系统(Micro-Electro-Mechanical Systems,MEMS)[21-24]等器件制备中,除此之外铌酸钾、铌酸钠、钽酸锂、铌酸锂等铁电单晶陶瓷和含 H 的铁电晶体如罗息盐(简称 KNT)、磷酸二氢铵(简称 ADP)、磷酸二氢钾(简称 KDP)、酒石酸二钾(简称 EDT)和砷酸二氢钾(简称 KDA)等材料都具有铁电性,其中 PZT 基铁电薄膜不仅具有出色的铁电性和热电性而被广泛用于铁电器件和热电器件与设备,例如铁电存储器和红外探测器等[25,26],同时还具有比 ZnO 和 AlN 等压电薄膜更高的压电系数和机电耦合系数,因而被广泛应用于强压电系统中[18-23],例如超声换能器、水听器、超声焊接器和超声医学诊断与治疗设备等[27-33]。不足的是,PZT 材料,尤其是 PZT 薄膜的机械品质因数较小,这使得其谐振带宽过宽、机械损耗增大,从而限制了它的应用[34,35],尤其是在高频谐振器和传感器等方面的应用。因此,如何通过混合或掺杂对 PZT 改性以获得高压电性、高机电耦合系数和高机械品质因数的 PZT 基铁电薄膜,成为压电薄膜材料和压电器件研究领域的热点[36-41]。

本书研究了具有高压电性、铁电性和潜在高机械品质因数的 PMnN－PZ－PT 三元系铁电薄膜,给出了该类薄膜的制备条件和方法,同时表征了薄膜的压电性、铁电性和介电性等性能。但由于实验条件所限,无法测量薄膜的机械品质因数。

4. 钙钛矿结构的铁电材料

钙钛矿结构指的是具有 ABO_3 构成成分的结构,其中 A 为＋1 或＋2 价,B 为＋4 或＋5 价的材料,其离子的排列结构应如图 1.5 所示。其中 8 个 A 正价离子占据外六面体的 8 个顶点,6 个 O 负离子形成八面体并分别位于外六面体的面心位置,一个 B 正离子位于整个面体的中心位置。对于钙钛矿,可能的晶系为四方晶系和三方晶系,而铁电材料 $BaTiO_3$、$PbTiO_3$、PZT、PMN 以及铌酸钾、铌酸钠、钽酸锂、铌酸锂都属于钙钛矿结构。

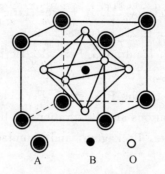

A　　　B　　　O

图 1.5　典型钙钛矿离子结构

　　压电单晶、压电陶瓷、压电薄膜和具有压电效应的铁电薄膜,它们之间的相互促进、相互补充都有着广阔的应用前景。压电薄膜以其独有的压电效应,可以将电能与机械能相互转换,因而广泛应用于存储器、振荡器、滤波器、传感器和双工器等多种器件的制备中,尤其是在微型机电器件与微型机电系统的制备中,具有重要地位。

参考文献

[1]　宁兆元,江美福,辛煜,等. 固体薄膜材料与制备技术[M]. 北京:科学出版社,2008.

[2]　许小红,武海顺. 压电薄膜的制备、结构与应用[M]. 北京:科学出版社,2002.

[3]　张涛. 压电薄膜材料及薄膜体声波谐振器研究[D]. 博士学位论文,南京大学,2008.

[4]　王春雷,李吉超,赵明磊. 压电铁电物理[M]. 北京:科学出版社,2009.

[5]　陈海宾. 用于 FBAR 的 PZT 薄膜的制备研究[D]. 中国学术期刊硕士论文数据库,2006.

[6]　Thomas N W, Ivanov S A, Ananta S, et al. New Evidence for Rhombohedral Symmetry in the Relaxor Ferroelectric Pb($Mg_{1/3}Nb_{2/3}$)O_3[J]. Journal of the European Ceramic Society,1999,19:2667 - 2675.

[7]　Juna S,Kimb Y K,Leea J. The Strain-induced Ferroelectric Properties of c-axis Oriented (Ba,Sr) TiO_3 Thin Films[J]. Surface and Coatings Technology,2000, 131:553 - 557.

[8] Heyman P M, Hlilmeier G H. A Ferroelectric Field Effect Device[J]. Proceedings of IEEE, 1996, 54(6):842 - 848.

[9] Bhattacharya K, Ravichandran G. Ferroelectric Perovskites for Electromechanical Actuation[J]. Acta Materialia, 2003, 51:5941 - 5960.

[10] Zurcher P, Jones R E, Chu P Y, et al. Ferroelectric Nonvolatile Memory Technology: Applications and Integration Challenges[J]. IEEE Transactions on Components, Packaging, and Manufacturing Technology, 1997, 20(2):175 - 181.

[11] Subramanyam G, Ahamed F, Biggers R. A Si MMIC Compatible Ferroelectric Varactor Shunt Switch for Microwave Applications[J]. IEEE Microwave and Wireless Components Letters, 2005, 739 - 741.

[12] Keis V N, Kozyrev A B, Khazov M L, et al. 20GHz Tunable Filter Based on Ferroelectric (Ba, Sr)TiO$_3$ Film Varactors[J]. Electronics Letters, 34 (11):1107 - 1109.

[13] Kanareykin A, Nenasheva E, Dedyk A, et al. Ferroelectric Based Technologies for Accelerator Component Applications[J]. PAC. IEEE, 634 - 636, 2007.

[14] Krasik Y E, Chirko K, Dunaevsky A, et al. Ferroelectric Plasma Sources and their Applications[J]. Plasma Science, 2003, 31(1):49 - 59.

[15] Kim E K, Lee T Y, Jeong Y H, et al. Air Gap Type Thin Film Bulk Acoustic Resonator Fabrication Using Simplified Process[J]. Thin Solid Films, 2006, 496:653 - 657.

[16] Mahapatra D R, Singhal A, Gopalakrishnan S. Lamb Wave Characteristics of Thickness-graded Piezoelectric IDT [J]. Ultrasonics, 2005, 43: 736 - 746.

[17] Hsiao Y J, Fang T H, Chang Y H, et al. Surface Acoustic Wave Characteristics and Electromechanical Coupling Coefficient of Lead Zirconate Titanate Thin Films[J]. Materials Letters, 2006, 60:1140 - 1143.

[18] Es-Souni M, Maximov S, Piorra A, et al. Hybrid Powder Sol-Gel PZT Thick Films on Metallic Membranes for Piezoelectric Applications. Journal of the European Ceramic Society, 2007, 27:4139 - 4142.

[19] Matsunami G, Kawamata A, Hosaka H, et al. Multilayered LiNbO$_3$ Actuator for XY-stage Using a Shear Piezoelectric Effect[J]. Sensors and

Actuators A,2008,144:337 - 340.

[20] Ren T L,Zhao H J,Liu L T,et al. Piezoelectric and Ferroelectric Films for Microelectronic Applications[J]. Materials Science and Engineering B,2003, 99:159 - 163.

[21] Okuym M. Microsensors and Microactuators Using Ferroelectric Thin Films[J]. International Symposium on Micromechtronics and Human Science,1998:29 - 34.

[22] Jeon Y B,Soodb R, Jeong J H,et al. MEMS Power Generator with Transverse Mode Thin Film PZT[J]. Sensors and Actuators A,2005, 122:16 - 22.

[23] Wang X Y, Lee C Y, Peng C J,et al. A Micrometer Scale and Low Temperature PZT Thick Film MEMS Process Utilizing an Aerosol Deposition Method[J]. Sensors and Actuators A,2008,143:469 - 474.

[24] Werbaneth P, Almerico J, Jerde L,et al. Pt/PZT/Pt and Pt/Barrier Stack Etches for MEMS Devices in a Dual Frequency High Density Plasma Reactor IEEE/SEM Advanced Semiconductor Manufacturing Conference, 2002:177 - 183.

[25] Jung D J,Hong Y K, Kim H H,et al. Key Integration Technologies for Nanoscale FRAMs[J]. IEEE Trans Ultrason Ferroelect Freq Contr, 2007, 54(12):2535 - 2540.

[26] Wu B Y. Study of the Electron Emission from PZT Ferroelectric Cathodes [J]. 14th IRMMW-THz,2006:499.

[27] Gebhardt S,Seffner L,Schlenkrich F,et al. PZT Thick Films for Sensor and Actuator Applications[J]. Journal of the European Ceramic Society, 2007,27: 4177 - 4180.

[28] Deshpande M,Saggere L. PZT Thin Films for Low Voltage Actuation: Fabrication and Characterization of the Transverse Piezoelectric Coefficient[J]. Sensors and Actuators A,2007,135:690 - 699.

[29] Sakata M,Wakabayashi S,Goto H,et al. Sputtered High d_{31} Coefficient PZT Thin Film for Micro Actuators[J]. IEEE Ultrasonics Symposium, 1996,263 - 266.

[30] Wang Z,Zhu W,Zhu H,Fabrication and Characterization of Piezoelectric Micromachined Ultrasonic Transducers with Thick Composite PZT Films

[J]. IEEE Transactions on Ultrasonics, Ferroelectrics, and Frequency Control, 2005, 52(12): 2289 - 2297.

[31] Sreenivas K. Ferroelectric Ceramics[M]. Edited by N Setter and E L Colla Birkhäusen, Basel, 1993, 213.

[32] Suzuki T, Kanno I, Loverich J J, et al. Characterization of $Pb(Zr, Ti)O_3$ Thin Films Deposited on Stainless Steel Substrates by RF-magnetron sputtering for MEMS applications[J]. Sens. Actuators, A, 2006, 125: 382 - 386.

[33] Berlincourt D A, Cmolik C, Jaffe H. National Technical Report[J]. Proc. IRE, 1960, 48: 220.

[34] Muralt P, Antifakos J, Cantoni M, et al. Is There a Better Material for Thin Film BAW Applications than AlN? [J]. IEEE Ultrasonic Symposium, 2005, 315 - 320.

[35] Muralt P. PZT Thin Films for Microsensors and Actuators: Where do we stand? [J]. IEEE Ultra. Ferr. Freq. Cont., 2000, 47(4): 903 - 915.

[36] Takahashi M, Tsubouchi N, Ohno T. Piezoelectricity of Ternary or Quadruplex $PbTiO_3$ and $PbZrO_3$ Solid Solution Materials[J]. IEC Report Japan 1971, 1, CPM71 - 22.

[37] Nagarajan V, Ganpule C S, Nagaraj B, et al. Effect of Mechanical Constant on the Dielectric and Piezoelectric Behavior of Epitaxial $Pb(Mg_{1/3}Nb_{2/3})O_3(90\%) - PbTiO_3(10\%)$ Relaxor Thin Films[J]. Appl. Phys. Lett., 1999, 75(26), 4183 - 4185.

[38] Kim C S, Kim S K, Lee S Y. Fabrication and Characterization of PZT-PMWSN Thin Film Using Pulsed Laser Deposition[J]. Materials Science in Semiconductor Processing, 2003, 5: 93 - 96.

[39] Pintilie L, Boerasu I, Pereira M. Structural and Electrical Properties of Sol-Gel Deposited $Pb(Zr_{0.92}Ti_{0.08})O_3$ Thin Films Doped with Nb[J]. Mater. Sci. Eng. B, 2004, 109: 174 - 177.

[40] Wasa K, Kanno I, Seo S H, et al. Structure and Dielectric Properties of Heteroepitaxial PMNT Thin Films[J]. Integrated Ferroelectrics, 2003, 55: 781 - 793.

[41] Wasa K, Kanno I, Suzuki T. Structure and Electromechanical Properties of Quenched PMN - PT Single Crystal Thin Films[J]. Adv. Sci. Technol., 2006, 45: 1212 - 1217.

第二章 压电薄膜制备技术与进展

2.1 压电薄膜的制备方法

压电薄膜的制备方法有很多种,例如溶胶-凝胶(Sol-Gel)、真空蒸发法、溅射法(射频磁控溅射、直流磁控溅射)、化学气相沉积法和脉冲激光沉积(PLD)等制备方法。然而,大部分薄膜沉积方法是在高真空条件下进行的。

2.1.1 真空技术基础

薄膜材料的制备和处理通常是在真空环境中进行的,薄膜的一些重要性能的检测也需要真空环境,因此,真空技术是薄膜制备与性能检测的基础。

所谓"真空"是指压强低于一个标准大气压的气体空间(国际单位规定一个标准大气压为 101 325 Pa),其分子数密度小于标准大气压时的密度,为稀薄气体状态。

对于稀薄气体,当气体处于平衡状态时,气体状态可以使用理想气体状态方程来描述,即 $p=nkT$ 或 $pV=\frac{m}{M}RT$,式中,p 是压强;n 是分子数密度;V 是体积;T 是温度;M 是分子摩尔质量;m 是气体质量;k 是玻耳兹曼常数;R 是摩尔气体普适常数。

低真空:$10^5 \sim 10^2$ Pa

中真空:$10^2 \sim 10^{-1}$ Pa

高真空:$10^{-1} \sim 10^{-5}$ Pa

超高真空:$<10^{-5}$ Pa

真空的获得需要真空系统。真空系统一般由带抽真空的容器(真空室)、获得真空的设备(真空泵)、测量真空的器具(真空计)以及必要的管道、阀门和其他附属设备构成。能使压力从一个大气压力开始变小,进行排气的真空泵称为"前级泵";只能从较低压力抽到更低压力的真空泵通常称为"次级泵"。

任何一个真空系统都不可能是绝对真空($p=0$),而是具有一定的压强,该压强称为极限压强(或极限真空),是该系统所能达到的最低压强。它是真空系统能否满足镀膜需要的重要指标之一。第二个重要指标是抽气速率,指的是规定压强下单位时间所抽气体的体积,它决定抽真空所需要的时间。

真空泵是一个真空系统获得真空的关键。表 2.1 列出了常用真空泵的排气原理、工作压强范围和通常所能获得的最低压强[1]。

表 2.1　常用真空泵的排气原理与工作压强范围

种类		排气原理	工作压强范围/Pa
机械泵	油封机械泵(单级)	利用机械力压缩排除气体	大气压至 1
	油封机械泵(双级)		大气压至 10^{-2}
	分子泵		$10^{-1} \sim 10^{-7}$
	罗茨泵		$10^{3} \sim 10^{-3}$
蒸汽喷射泵	水银扩散泵	靠蒸汽喷射的动量把气体带走	$1 \sim 10^{-6}$
	油扩散泵		
	油喷射泵		
干式泵	溅射离子泵	利用溅射或升华形成吸气,吸附排除气体	$10^{-2} \sim 10^{-8}$
	钛升华泵		
	吸附泵	利用低温表面对气体进行物理吸附,排除气体	大气压至 10^{-2}
	冷凝泵		$10^{-3} \sim 10^{-10}$
	冷凝吸附泵		$10^{-3} \sim 10^{-8}$

真空度的测量需要使用真空计,常用的真空计原理及测量范围如表 2.2 所示。

表 2.2　常用真空计的工作原理与测量范围

名称	工作原理	测量范围/Pa
U 形管压力计	利用大气压与真空压差	$10^{5} \sim 10^{-2}$
水银压缩真空计	根据 Boyle 定律	$10^{3} - 10^{-4}$
电阻真空计	利用气体分子热传导	$10^{4} \sim 10^{-2}$
热偶真空计		
热阴极电离真空计	利用热电子电离残余气体	$10^{-1} \sim 10^{-6}$
B-A 型真空计		$10^{-1} \sim 10^{-10}$

续 表

名称	工作原理	测量范围/Pa
潘宁磁控电离计	利用磁场中气体电离与压强有关的原理	$1\sim10^{-5}$
气体放电计	利用气体放电与压强有关的原理	$10^3\sim1$

2.1.2　薄膜沉积技术

1. 溶胶-凝胶法

1846 年,法国化学家 J. J. Ebelmen 用 $SiCl_4$ 与乙醇混合后,发现它们在湿空气中发生水解并形成了凝胶。20 世纪 30 年代,W. Geffcken 证实用金属醇盐的水解和凝胶化可以制备氧化物薄膜。1971 年,德国 H. Dislich 报道了通过金属醇盐水解制备 $SiO_2 - B_2O - Al_2O_3 - Na_2O - K_2O$ 多组分玻璃。1975 年,B. E. Yoldas 和 M. Yamane 制得整块陶瓷材料及多孔透明氧化铝薄膜。20 世纪 80 年代以来,溶胶-凝胶法在玻璃、氧化物涂层、功能陶瓷粉料以及传统方法难以制得的复合氧化物材料得到成功应用。

溶胶-凝胶法是采用液体化学试剂配制成金属无机盐或金属醇盐作前驱体,在液相下将这些原料均匀混合,并进行水解、缩合化学反应,在溶液中形成稳定的透明溶胶体系,溶胶经陈化胶粒间缓慢聚合,凝胶网络间充满了失去流动性的溶剂,形成三维空间网络结构的凝胶。凝胶经过干燥、烧结固化制备出分子乃至纳米亚结构的材料。

根据原料的不同,溶胶-凝胶法一般可分为两类,即水溶液法和醇盐法。

(1)水溶液法。水溶液法的原料是一般的金属盐水溶液,其溶胶的形成主要由金属阳离子的水解来完成。

(2)醇盐法。醇盐法通常是以金属有机醇盐为原料,通过水解与缩聚反应而制得溶胶。首先将金属醇盐溶入有机溶剂,加水则会发生如下反应,再经加热取出有机溶液得到金属氧化物材料。醇盐法的工艺流程图如图 2.1 所示。

溶胶-凝胶法的优点:

(1)制品的均匀度高,尤其是多组分的制品,其均匀度可达分子或原子尺度。

(2)制品的纯度高,因为所用原料的纯度高,而且溶剂在处理过程中易被除去。

(3)烧成温度比传统方法低 $400\sim500\,^{\circ}\mathrm{C}$,因为所需生成物在烧成前已部分形成,且凝胶的表面积很大。

(4)反应过程易于控制,大幅度减少支反应、分相,并可避免结晶等(对制玻璃而言)。

(5)从同一种原料出发,改变工艺过程即可获得不同的制品,如纤维、粉料或薄膜等。

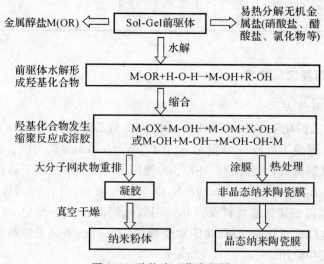

图 2.1　醇盐法工艺流程图

溶胶-凝胶法的缺点:

(1)所用原料大多数是有机化合物,成本较高,有些对健康有害,若加以防护可消除。

(2)处理过程的时间较长,常达 12 个月。

(3)制品容易开裂,这是由于凝胶中液体量大,干燥时产生收缩引起的。

(4)若烧成不够完善,制品中会残留细孔及 OH⁻ 或 C,后者使制品带黑色[2]。

2. 真空蒸镀法

在一定的真空条件下加热被蒸镀材料,使其熔化(或升华)并形成原子、分子或原子团组成的蒸气,凝结在基底表面成膜。

真空蒸镀法是把金属加热至蒸发温度,然后蒸气从真空室转移,在低温零件上凝结,如图 2.2 所示。该工艺在真空中进行,金属蒸气到达表面不会被氧化。

在对树脂实施蒸镀时,为了确保金属冷却时所散发出的热量不使树脂变形,有必要对蒸镀时间进行调整。此外,熔点、沸点太高的金属或合金不适合蒸镀。

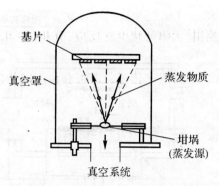

图 2.2 真空蒸发镀膜示意图

3. 磁控溅射法

在一定的温度下,如果固体受到荷能粒子的轰击,其中的原子可能获得足够的能量从表面逸出,这一现象称为溅射。1852 年,Grove 在研究辉光放电时首次发现了这一现象。Thomson 形象地将此现象类比为水滴从高处落在平静水面所引起的水花飞溅的现象,并称其为"spluttering"。由于印刷中漏掉了字母"l",所以"sputtering"便表示溅射的科学名词。

20 世纪 40 年代,溅射技术作为一种镀膜方法开始得到应用和发展。60 年代以后随着半导体工业的迅速崛起,这种技术被用于沉积集成电路中晶体管的金属电极层,80 年代以后得到了快速发展。目前,磁控溅射技术已相对成熟,广泛应用于微电子、光电、材料表面处理等领域。

磁控溅射的工作原理(见图 2.3)是使电子在电场 E 的作用下,在飞向基片的过程中与氩原子发生碰撞,使其电离产生出 Ar 离子和新的电子。新电子飞向基片,Ar 离子在电场作用下加速飞向阴极靶,并以高能量轰击靶表面,使靶材发生溅射。在溅射粒子中,中性的靶原子或分子沉积在基片上形成薄膜,而产生的二次电子会受到电场和磁场作用,向产生 E(电场)$\times B$(磁场)所指的方向漂移,简称$E\times B$漂移,其运动轨迹近似于一条摆线。若为环形磁场,则电子就以近似摆线形式在靶表面做圆周运动,它们的运动路径不仅很长,而且被束缚在靠近靶表面的等离子体区域内,并且在该区域中电离出大量的 Ar 来轰击靶材,从而实现了高的沉积速率。随着碰撞次数的增加,二次电子的能量消耗殆尽,逐渐远离靶表面,并在电场 E 的作用下最终沉积在基片上。由于该电子的能量很低,传递给基片的能量很小,致使基片温升较低。

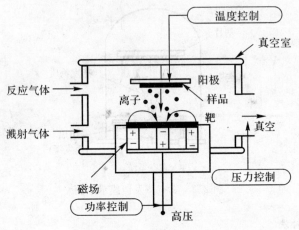

图 2.3 磁控溅射工作原理

磁控溅射是入射粒子和靶的碰撞过程。入射粒子在靶中经历复杂的散射过程,和靶原子碰撞,把部分动量传给靶原子,此靶原子又和其他靶原子碰撞,形成级联过程。在这种级联过程中某些表面附近的靶原子获得向外运动的足够动量,离开靶被溅射出来。

磁控溅射法的优点:

(1)成膜温度低,通常低于 500℃。

(2)与微电子工艺兼容性好,便于制作器件。

(3)薄膜的质量较好,易获得无针孔、无裂纹的薄膜材料。

(4)薄膜的结晶性好,可获得外延单晶膜。

磁控溅射法的缺点:

(1)生长速度慢,通常需要数小时甚至更长时间。

(2)包磨成粉与靶材有一定的偏差。

(3)工艺的重复性、稳定性不好[2]。

4. 化学气相沉积

化学气相沉积(Chemical Vapor Deposition,CVD)是利用气态或蒸气态的物质在气相或气固界面上反应生成固态沉积物的技术。20 世纪 60 年代初,美国 Brocher 等人在 Vapor Deposition 一书中首先提出化学蒸气沉积这一名词。

这种方法是把含有构成薄膜元素的一种或几种化合物的单质气体供给基片,利用加热、等离子体、紫外线乃至激光灯能源,借助气相作用或在基片表面的化学反应生成要求的薄膜。

由于 CVD 法是利用各种气体反应来制备薄膜,所以可任意控制薄膜的组成,从而制得许多新的膜材。采用 CVD 法制备薄膜时,其生长温度显著低于薄膜组成物质的熔点,所得膜层均匀性好,具有台阶覆盖性能,适宜于复杂形状的基板。由于具有淀积速率高,膜层针孔少,纯度高,致密,形成晶体的缺陷较少等特点,因而化学气相沉积的应用范围非常广泛。

(1)CVD 薄膜沉积过程。基本的化学气相沉积反应包括 8 个主要步骤,由此可以解释反应机制,了解 CVD 的薄膜沉积过程(见图 2.4)。

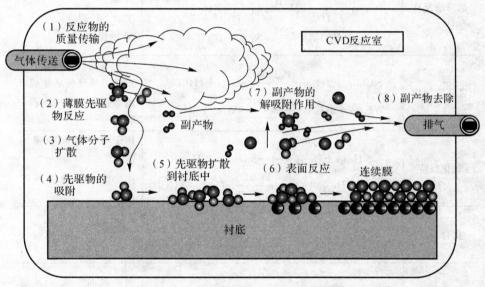

图 2.4　CVD 传输和反应的主要步骤

1)气体传输至沉积区域。反应气体从反应室入口区域流动到基板表面的沉积区域。

2)膜先驱物的形成。气相反应造成膜先驱物(将组成膜最初的原子和分子)和副产物的形成。

3)膜先驱物附着在基板的表面。大量的膜先驱物输运到基板的表面。

4)膜先驱物黏附。膜先驱物黏附在基板的表面。

5)膜先驱物扩散。膜先驱物向膜生长区域的表面扩散。

6)表面反应。表面化学反应造成膜沉积和副产物的形成。

7)从表面移除副产物。吸附(移除)表面反应的副产物。

8)从反应室移除副产物。反应的副产物从沉积区域随气流流动到反应室出口并排出。

（2）反应。利用化学气相沉积制备薄膜材料首先要选定一个或几个合理的沉积反应（见表2.3）。

表2.3 CVD技术所涉及的反应类型

反应类型	典型的化学反应	说明
热分解反应	$SiH_{4(气)} \xrightarrow{700\sim1100℃} Si_{(固)} + 2H_{2(气)}$ $CH_3SiCl_{3(气)} \xrightarrow{3400℃} SiC_{(固)} + 3HCl_{(气)}$ $Ni(CO)_{4(气)} \xrightarrow{280℃} Ni_{(固)} + 4CO_{(气)}$	生成多晶 Si 和单晶 Si 膜 生成 SiC 膜 Ni 的提纯
氢还原反应	$SiCl_{4(气)} + 2H_{2(气)} \xrightarrow{约1200℃} Si_{(固)} + 4HCl_{(气)}$ $WF_{6(气)} + 3H_{2(气)} \xrightarrow{300\sim700℃} W_{(固)} + 6HF_{(气)}$	单晶硅外延膜的生成 难熔金属薄膜的沉积
氧化反应	$SiH_{4(气)} + O_{2(气)} \xrightarrow{450℃} SiO_{2(固)} + 2H_{2(气)}$ $SiCl_{4(气)} + 2H_{2(气)} + O_{2(气)} \xrightarrow{1500℃} SiO_{2(固)} + 4HCl_{(气)}$	用于半导体聚缘膜的沉积 用于光导纤维原料的沉积
化合反应	$SiO_{4(气)} + CH_{4(气)} \xrightarrow{1400℃} SiC_{(固)} + 4HCl_{(气)}$	SiC 的化学气相沉积
置换反应	$4Fe_{(固)} + 2TiCl_{4(气)} + N_{2(气)} \rightarrow 2TiN_{(固)} + 4FeCl_{2(气)}$	钢铁表面形成 TiN 超硬膜
固相扩散	$Ti_{(固)} + 2BCl_{3(气)} + 2H_{2(气)} \xrightarrow{1000℃} TiB_{2(固)} + 6HCl_{(气)}$	Ti 表面形成 TiB$_2$ 膜
歧化反应	$2GeI_{2(气)} \xrightarrow{300\sim600℃} Ge_{(固)} + GeI_{4(气)}$	利用不同温度下,不同价化合物稳定性的差异,实现元素的沉积
可逆反应	$As_{4(气)} + As_{2(气)} + 6GaCl_{(气)} + 3H_{2(气)} \xrightarrow{750\sim950℃}$ $6GaAs_{(固)} + 6HCl_{(气)}$	利用某些元素同一化合物的相对稳定性随温度变化实现物质的转移和沉积

（3）化学气相沉积的类型。CVD 技术可按照沉积温度、反应器内的压力、反应器壁的温度和沉积反应的激活方式进行分类。

1）按沉积温度可分为低温（200～500℃）、中温（500～1000℃）和高温（1000～1300℃）CVD。

2）按反应内的压力可分为常压 CVD 和低压 CVD。

3）按反应器壁的温度可分为热壁方式 CVD 和冷壁方式 CVD。

4）按反应激活方式可分为热激活和等离子体激活 CVD 等。

（4）化学气相沉积的特点。化学气相沉积之所以得到发展，是和它本身的特点分不开的。其特点如下：

1）沉积物种类多。可以沉积金属、合金、陶瓷或或化合物层，这是其他方法无法做到的。

2）能均匀覆盖几何形状复杂的零件，这是因为在 CVD 涂覆过程中，离子有高度的分散性。

3）可以在大气压或者低于大气压下进行沉积。

4）通常在 850～1100℃下进行，覆盖和基体结合紧密，但工件畸变较大，沉积后一般仍需要热处理。

5）采用等离子或激光辅助技术，可以强化化学反应，降低沉积速度。

6）容易控制覆盖层的致密度和纯度，也可以获得梯度覆盖层或混合覆层。

7）利用调节沉积的参数，可以控制覆层的化学成分、形貌、晶体结构和晶粒度等。

8）设备简单，操作维修方便。

此外，有机金属化合物气相沉积（MOCVD）是一种利用有机化合物的热分解反应进行气相外延生长薄膜的 CVD 技术，目前主要用于化合物半导体薄膜的气相生长。

金属有机化学气相沉积是以一种或一种以上的金属有机化合物为前驱体的沉积工艺。金属有机化合物的采用，使它在工艺方法特征、沉积材料性能方面有别于其他化学气相沉积方法。金属有机化学气相沉积有以下几个特点：

（1）金属有机化合物前驱体可以在热解或者光解作用下，在较低温度沉积出各种无机材料，如金属、氧化物、氮化物、氟化物、碳化物和化合物半导体等薄膜材料。由于其沉积温度介于高温热 CVD 和低温等离子体增强 CVD 之间，所以也称金属有机化学气相沉积为中温化学气相沉积。

（2）与衬底组分明显不同的外延沉积薄膜具有很高的韧性，即使化学性质完全不同,只要晶格常数足以与衬底匹配,就能用于沉积外延薄膜,从而确立了它作为外延生长技术独特而重要的地位。

(3)利用有机化学气相沉积可以生产厚度薄至几个原子层的薄膜,可精确控制掺杂水平和合金组分。

MOCVD 是以Ⅲ族、Ⅱ族元素的有机化合物和 V、Ⅵ族元素的氢化物等作为晶体生长源材料,以热分解反应方式在衬底上进行气相外延,生长各种Ⅲ-Ⅴ族、Ⅱ-Ⅵ族化合物半导体以及它们的多元固熔体的薄层单晶材料。通常 MOCVD 系统中的晶体生长都是在常压或低压($1.33 \times 10^3 \sim 1.33 \times 10^4$ Pa)下通 H_2 的冷壁石英(不锈钢)反应室中进行,衬底温度为 $500 \sim 1200$℃,用射频感应加热石墨基座(衬底基片在石墨基座上方),H_2 通过温度可控的液体源鼓泡携带金属有机物到生长区。分界面变化陡峭的多层结构,使量子阶器件和应变层超晶格的生产成为可能。因此,在微电子领域,MOCVD 技术也成为金属有机化学气相外延(MOVPE)。

(4)设备简单,可以获得高纯度的气态前驱体。

(5)金属化学气相沉积可放大成大面积、商品化的批量生产工艺。

(6)沉积速度慢。一方面,它有利于微调控制多层结构的尺寸和组分;另一方面,它不利于防护涂层之类的厚涂层的生产,加之金属有机化合物价格昂贵,因此 MOCVD 只适宜于具有特殊结构要求的微米级外延薄膜的生产。

(7)MOCVD 气体有毒、易燃、可自燃或是腐蚀性的,因此必须小心防护或操作。

MOCVD 法中用作原料的化合物必须满足以下条件:

(1)在常温下稳定且容易处理。

(2)反应的副产物不应妨碍晶体生长,不应污染生长层。

(3)为适应气相生长,在室温附近应具有适当的蒸气压(≥100Pa)[3]。

5. 脉冲激光沉积法

早在 1916 年,爱因斯坦(Albert Einstein)已提出受激发射作用的假设。但是,首台以红宝石棒为产生激光媒介的激光器,却在 1960 年才由梅曼(Theodore H. Maiman)在休斯实验研究所建造出来,总共相隔了 44 年。使用激光来熔化物料的历史,要追溯到 1962 年,布里奇(Breech)与克罗斯(Cross)利用红宝石激光器,气化与激发固体表面的原子。3 年后,史密斯(Smith)与特纳(Turner)利用红宝石激光器沉积薄膜,视为脉冲激光沉积技术发展的源头。

　　然而,脉冲激光沉积的发展与探究之路颇为曲折。事实上,当时的激光科技还未成熟,可以得到的激光种类有限,输出的激光既不稳定,重复频率亦太低,使任何实际的膜生成过程均不能付诸实施。因此,PLD 在薄膜制作的发展比其他技术落后。以分子束外延法(MBE)为例,制造出来的薄膜质量就优良得多。

　　此后 10 年,由于激光科技的快速发展,提升了 PLD 的竞争能力。与早前的红宝石激光器相比,当时的激光有较高的重复频率,使薄膜制作得以实现。随后,可靠的电子 Q 开关激光(electronic Q-switches lasers)面世,能够产生极短的激光脉冲。因此,PLD 能够用来做到将靶一致蒸发,并沉积出化学计量薄膜。由于紫外线辐射,薄膜受吸收的深度较浅。之后发展出来的高效谐波激光器(harmonic generator)与激基分子激光器(excimer)甚至可产生出强烈的紫外线辐射。自此以后,以非热能激光熔化靶物质变得极为有效。

　　自 1987 年成功制作高温的 T_c 超导膜开始,用作膜制造技术的脉冲激光沉积获得普遍赞誉,并引起了广泛的关注。过去 10 年,脉冲激光沉积已被用来制作具备外延特性的晶体薄膜。陶瓷氧化物(ceramic oxide)、氮化物膜(nitride films)、金属多层膜(metallic multilayers)以及各种超晶格(superlattices)都可以用 PLD 来制作。近来亦有报告指出,利用 PLD 可合成纳米管(nanotubes)、纳米粉末(nanopowders)以及量子点(quantum dots)。关于复制能力、大面积递增及多级数的相关生产议题,亦已经有人开始讨论。因此,薄膜制造在工业上可以说已迈入新纪元。

　　脉冲激光法指将脉冲激光器所产生的高功率脉冲激光聚焦作用于靶材表面,由于高温和少时而产生高温等离子体($T>10^4$ K),然后等离子体定向局域膨胀,在基片上沉积而形成薄膜。PLD 沉积示意图如图 2.5 所示。

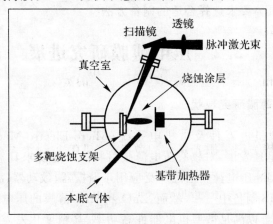

图 2.5　PLD 镀膜设备示意图

PLD法制备薄膜主要分为以下三个阶段。

（1）激光与靶材相互作用产生等离子体。激光束聚焦在靶材表面，在足够高的能量密度和短的脉冲时间内，靶材吸收激光束能量并使光斑处的温度迅速升高至靶材的蒸发温度以上而产生高温及烧蚀，使靶材气化蒸发，正离子、电子和中性原子从靶的表面逸出。这些被蒸发出来的物质又反过来继续和激光相互作用，吸收激光的能量其温度进一步提高，形成区域化的高温、高密度等离子体。等离子体通过吸收光能被加热到10 000℃以上，表现为一个具有致密核心的明亮的等离子体火焰。

（2）等离子体在空间的运输。等离子体火焰形成后，与激光相继作用，并进一步电离，同时内部的温度和压力迅速升高，并在靶材表面法线方向形成大的温度和压力梯度，等离子体沿该法线方向向外做等温（激光作用时）和绝热（激光终止后）膨胀。此时，电荷云的非均匀分布形成相当强的加速电场。在这些极端的条件下，高速膨胀过程发生在数十纳秒之间，具有微爆炸性质和沿法线方向发射的轴向约束性，形成了一个沿法线方向向外的细长的等离子体羽辉，其空间分布可用高次余弦规律来描述。

（3）薄膜的生长。等离子体在基片上成核，长大形成薄膜。激光等离子体中的高能（$E > 10eV$）离子在基片表面，使其产生不同程度的辐射式损伤，其中之一就是原子溅射，入射粒子流和溅射原子之间形成热化区，一旦离子的凝聚速率大于溅射原子的飞溅速率，热化区就会消散，粒子在基片上生长出薄膜[4]。

压电薄膜的制备除上述方法外，还有分子束外延等方法。上述薄膜制备方法各有优缺点，在实际压电薄膜的制备中，应根据所制备薄膜的材料特性、制备条件和后期热处理等具体要求选择合适的制备方法。

2.2　压电薄膜研究进展

2.2.1　压电薄膜研究现状

近年来，微型机电器件及微机电系统（Micro-Electro-Mechanical Systems, MEMS）[5-7]技术迅猛发展，对核心压电薄膜材料的性能要求日益提高。在微型器件领域，ZnO和AlN压电薄膜已经广泛应用于谐振器、致动器、滤波器和传感器等声学器件和MEMS制备中[7-9]。然而，ZnO和AlN薄膜的压电系数较小，机电耦合系数低，已逐渐难以满足微型机电器件高功率、高精度化发展的需要。因此，新型高压电、高机械品质的压电薄膜成为微机电器件领域的研究热点[10]。

郑州大学物理工程学院杨晓朋、宋平新、王新昌等人综述了 ZnO/diamond，AlN/diamond 和 LiNbO$_3$/diamond 多层结构声表面波特性理论研究及实验研究进展，并展望了其今后的发展趋势。他们指出：高频声表面波器件在现代无线通信领域的应用范围越来越广泛，而传统的声表面波材料难以满足高频器件的要求。金刚石作为所有物质中声表面波传播速度最快的材料，传播速度可以达到 10 000 m/s 以上，因此金刚石成为制作高频 SAW 器件的首选基底材料。目前，ZnO/diamond/Si，A1N/diamond/Si 和 LiNbO$_3$/diamond/Si 多层结构已成为人们研究最多的高频声表面波压电材料，其中 ZnO/diamond/Si 和 AlN/diamond/Si 结构在窄带高频 SAW 器件中具有明显的优势，而 LiNbO$_3$/diamond/Si 结构对于宽带高频 SAW 器件是十分必要的，因此需要加快这些多层材料及 SAW 器件的研制步伐。目前，高质量压电薄膜的制备以及大面积金刚石薄膜的制备和抛光技术是制约金刚石高频 SAW 器件发展的主要障碍，相信随着薄膜制备技术及金刚石抛光技术水平的提高，金刚石高频 SAW 器件的应用范围必将越来越广[11]。

四川压电与声光技术研究所的郑泽渔、汤劲松、朱昌安、周勇、王宗富等人于 2010 年 8 月，在只有一个靶源的情况下，利用改良的夹具在钇铝石榴石（YAG）晶体的两端用反应磁控溅射法同时溅射生长 ZnO 压电薄膜。对 ZnO 压电薄膜做了 X-射线衍射（XRD）分析，测试了用双面方法制作的声体波薄膜换能器的回波损耗。结果表明，采用双面共溅工艺生长 ZnO 压电薄膜有效地解决了第一端换能器压电性能退化的问题，增强了两端换能器压电性能的一致性，提高了生产效率，相关结果如图 2.6 及图 2.7 所示[12]。

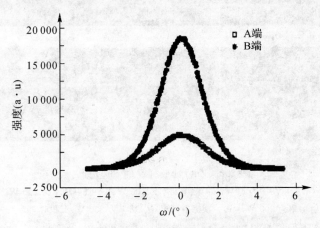

图 2.6　A 端和 B 端的 ZnO 薄膜摇摆曲线

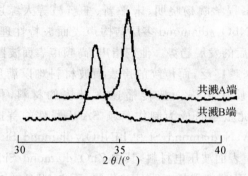

图 2.7　共溅生长的两端 ZnO 薄膜 XRD 曲线

　　上海大学材料科学与工程学院马季、朱兴文、徐琼等人采用射频磁控溅射法，通过多次短时沉积和热处理工艺，以玻璃为衬底在不同射频功率下制备了 ZnO 薄膜，探讨了射频功率对薄膜结构、光及电性能等方面的影响。结果表明，在低于 300 W 的功率下，采用多步法制备的薄膜表面平整致密，晶粒均匀，具有良好的 c 轴长向，且薄膜的可见光透过率在 80% 以上，电阻率达到 $10^{10}\,\Omega\cdot\mathrm{cm}$[13]。

　　实验结果如图 2.8 至图 2.11 所示。

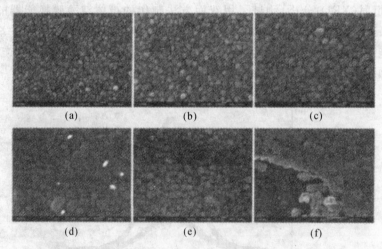

图 2.8　ZnO 薄膜样品的 SEM 照片

(a)溅射功率为 50 W；(b)溅射功率为 100 W；(c)溅射功率为 200 W；

(d)溅射功率为 300 W；(e)一次溅射(单步法)功率为 200 W，沉积时间为 150 min；

(f)以 50 W/30 min 的沉积层为缓冲层，再以功率 200 W 沉积 150 min

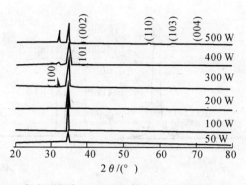

图 2.9　多步法制备的不同功率的 ZnO 薄膜的 XRD 图谱

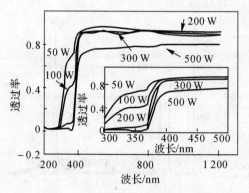

图 2.10　ZnO 薄膜的透过率谱线

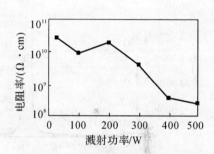

图 2.11　ZnO 薄膜的电阻率随溅射功率的变化关系

在天津理工大学进行的天津市薄膜电子与通信器件重点实验,杨保和、徐娜、陈希明、薛玉明、李化鹏等人于 2007 年 12 月,采用射频磁控反应溅射工艺在 Si(400)衬底上制备了高 c 轴取向的 AlN 薄膜。他们用 X 射线衍射仪(XRD)分析了薄膜特征,研究了不同的 Ar/N_2 比、衬底偏压、工作压强对 AlN 薄膜 c 轴择优取向的影响。同时研究了 AlN 薄膜在以氮终止的硅衬底和纯净硅衬底两种表面状态的生长机制,发现在以氮终止的硅衬底表面生长的 AlN 薄膜非常容易得到 c 轴择优取向的 AlN 薄膜[14]。

实验结果如图 2.12 至图 2.16 所示。

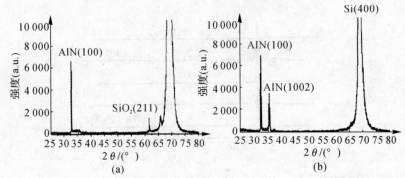

图 2.12　N_2：Ar＝3：7，衬底负偏压为 20V，工作气压为 1.5Pa 的两组样品 XRD 图谱

(a) Ⅰ（Ⅰ−1）；(b) Ⅱ（Ⅱ−1）

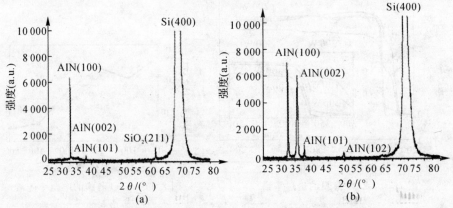

图 2.13　N_2：Ar＝7：3，衬底负偏压为 20V，工作气压为 1.5Pa 的两组样品 XRD 图谱

(a) Ⅰ（Ⅰ−2）；(b) Ⅱ（Ⅱ−2）

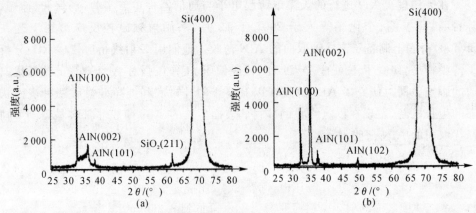

图 2.14　N_2：Ar＝3：7，衬底负偏压为 80V，工作气压为 1.5Pa 的两组样品 XRD 图谱

(a) Ⅰ（Ⅰ−3）；(b) Ⅱ（Ⅱ−3）

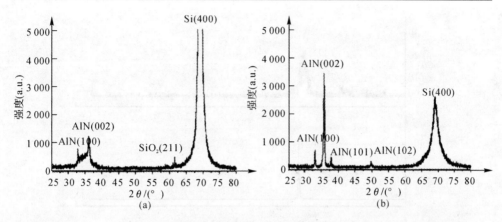

图 2.15　N₂∶Ar＝3∶7,衬底负偏压为 20V,工作气压为 1.0Pa 的两组样品 XRD 图谱
（a）Ⅰ（Ⅰ-4）；（b）Ⅱ（Ⅱ-4）

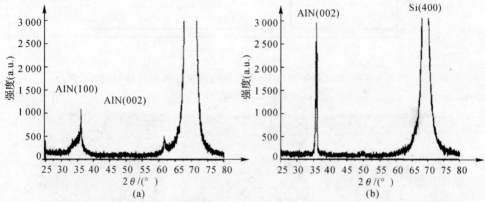

图 2.16　N₂∶Ar＝3∶7,衬底负偏压为 20V,工作气压为 0.5Pa 的两组样品 XRD 图谱
（a）Ⅰ（Ⅰ-5）；（b）Ⅱ（Ⅱ-5）

　　华中科技大学电子科学与技术系的胡作启、王宇辉、谢子健等人采用射频（RF）反应磁控溅射法,在硅基片上制备出了具有较低表面粗糙度、c 轴择优取向的 AlN 压电薄膜。讨论了溅射功率对 AlN 压电薄膜结构和形貌的影响、氮气含量对 AlN 压电薄膜成分的影响以及低温退火对薄膜表面粗糙度的影响。XRD 和 SEM 结果表明:随着溅射功率增大,AlN 压电薄膜 c 轴择优取向增强。当功率为 350W 时,AlN 压电薄膜(002)面摇摆曲线半高宽为 4.5°,薄膜表现出明显的柱状结构。EDS 成分分析表明:随着氮气含量的提高,AlN 压电薄膜的元素比接近于化学计量比。低温退火工艺的引入将薄膜表面的均方根粗糙度由 4.8nm 降低到 2.26nm[15]。

　　实验结果详见图 2.17 至图 2.21 所示。

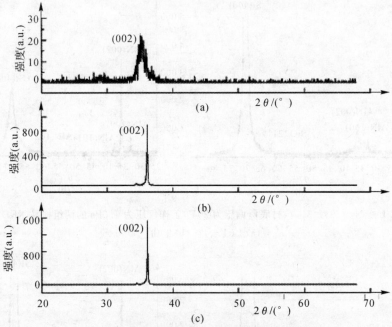

图 2.17　不同溅射功率下，AlN 压电薄膜的 X 射线衍射图谱

(a)150W；(b)250W；(c)350W

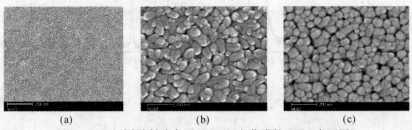

图 2.18　不同溅射功率下，AlN 压电薄膜的 SEM 表面图

(a)150W；(b)250W；(c)350W

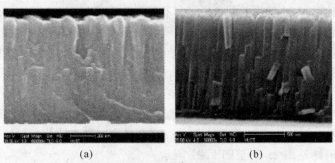

图 2.19　不同溅射功率下的 SEM 截面图

(a)250W；(b)350W

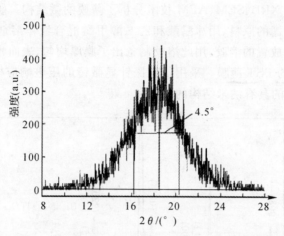

图 2.20　350W 下 AlN 压电薄膜(002)面的摇摆曲线图

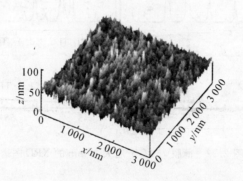

图 2.21　无退火时 AlN 样品的三维形貌图

长春工程学院机电学院郭淑兰、王敏、徐学东等人研究了 A 位掺杂 $Bi_4Ti_3O_{12}$ 薄膜的制备及铁电性能。他们采用了溶胶-凝胶法制备 A 位掺杂 $Bi_4Ti_3O_{12}$(BTO)的铁电薄膜 $Bi_{3.25}La_{0.75}Ti_3O_{12}$(BLT)、$Bi_{3.15}Nd_{0.85}Ti_3O_{12}$(BNT)以及 $Bi_{3.15}(La_{0.5}Nd_{0.5})_{0.85}Ti_3O_{12}$(BLNT)。XRD 结果表明制备的薄膜具有(117)和(001)的混合取向,结果如图 2.22 所示;FE-SEM 显示 BNT 薄膜表面光滑致密,颗粒均匀,其结果如图 2.23 所示[16]。

四川大学材料科学与工程学院李桂英、余萍、肖定全等人研究了 $Ba_{1-x}Sr_xTiO_3$ 薄膜的 Sol-Gel 制备技术与微结构。他们利用钡、锶的碳酸盐代替醋酸盐作原料,采用新的 Sol-Gel 技术制备 $Ba_{1-x}Sr_xTiO_3$(BST)铁电薄膜;采用碳酸钡、碳酸锶和钛酸四丁酯作原料配制 BST 溶胶,通过 TG/DTA 分析、确定了 BST 薄膜的制膜工艺,并使用 XRD、SEM、AFM 技术分析了薄膜的微结构。研究结果表明,采用碳酸盐作为钡、锶的原料,用冰醋酸和乙二醇甲醚混合液作溶剂,可配制出澄清透明,且能长时间放置的溶胶,用此溶胶制备出了膜厚均匀、表面光洁致密、没有裂纹的全钙钛矿相的 BST 薄膜。采用扫描探针显微镜的压电响应模式(PFM)观察到了 BST 薄膜中的具有纳米结构的 a 畴和 c 畴[17]。

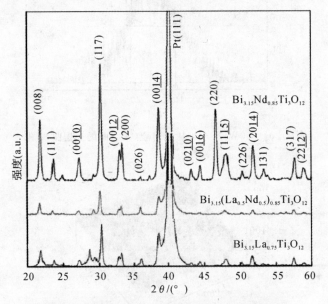

图 2.22　薄膜 750℃ 下退火 30min 的 XRD 图谱

图 2.23　BNT 薄膜的表面形貌图(放大 25 000 倍)

西北工业大学理学院彭焕英、殷明志、蒋迪波等人研究了 LaNiO₃ 导电氧化物薄膜的制备及应用,研究了退火温度、气氛和衬底对 LNO 薄膜结构和电性能的影响,详细介绍了 LNO 薄膜作底电极或过渡层在钙钛矿结构的 PLT、PZT、BST 铁电和 BFO 铁磁电薄膜生长过程中对其铁电性能和疲劳性能的影响。相关结果如图 2.24 至图 2.27 所示[18]。

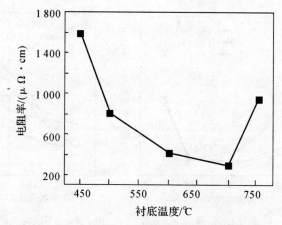

图 2.24 退火温度与 LNO 薄膜电阻率的关系

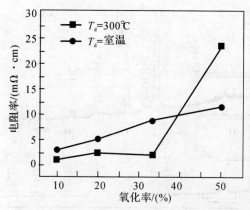

图 2.25 在 700℃ 退火的 LNO 薄膜电阻率随氧化率的变化

郑州大学物理工程学院的王新昌、田四方、贾建峰等人研究了 SAW 器件用金刚石基 c 轴取向 LiNbO₃ 压电薄膜的制备。他们采用脉冲激光沉积技术,在以 c 轴取向

ZnO 作为缓冲层的金刚石/硅基底上制备出了结晶良好的高 c 轴取向 LiNbO₃ 薄膜,并利用 X 射线衍射对薄膜的结晶质量和 c 轴取向性进行了研究,结果表明制得的 LiNbO₃ 薄膜具有高度 c 轴取向且结晶质量良好。他们采用扫描电子显微镜和原子力显微镜对薄膜的表面形貌进行了分析,发现薄膜表面光滑,晶粒尺寸均匀,薄膜表面粗糙度约为 20nm。相关结果分别如图 2.28、图 2.29、图 2.30 所示[19]。

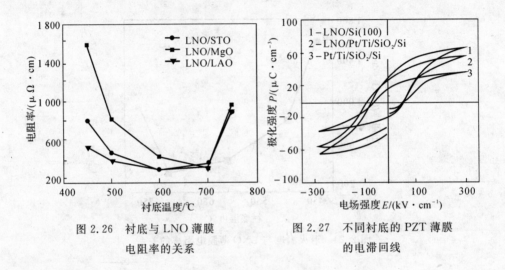

图 2.26　衬底与 LNO 薄膜　　　　图 2.27　不同衬底的 PZT 薄膜
　　　　电阻率的关系　　　　　　　　　　　的电滞回线

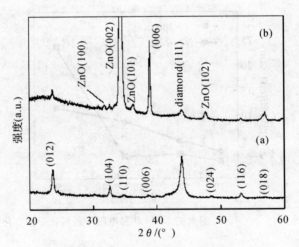

图 2.28　LiNbO₃ 薄膜的 XRD 图谱

(a)无 ZnO 缓冲层;(b)有 ZnO 缓冲层

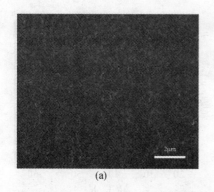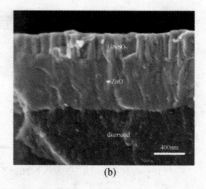

（a）　　　　　　　　　　　　　　（b）

图 2.29　有 ZnO 缓冲层的 LiNbO₃ 薄膜的 SEM 图

（a）表面；（b）截面

河南大学物理系刘越峰、郑海务、张华荣等人研究了 SiC/Si 上六方 YMnO₃ 薄膜的制备和铁电性能。他们采用化学溶液法在 SiC/Si 上制备了 YMnO₃ 薄膜，XRD 结果显示所制备的薄膜为六方 YMnO₃，且具有部分择优取向生长。拉曼光谱和 XPS 的结果验证了样品为六方纯相 YMnO₃。以 Pt

图 2.30　ZnO 作为缓冲层的 LiNbO₃
　　　　　薄膜的 AFM 图

为顶电极，测试了 YMnO₃ 薄膜的电滞回线，结果显示 YMnO₃ 薄膜具有良好的铁电性质。其相关结果如图 2.31 和图 2.32 所示[20]。

潍坊学院物理与电子科学学院唐艳艳等人研究了不同衬底上 Ba₀.₄Sr₀.₆TiO₃ 铁电薄膜的制备及外延生长。他们利用脉冲激光沉积（PLD）技术，通过一系列实验成功地制备出了近外延生长的 Ba₀.₄Sr₀.₆TiO₃ 铁电薄膜，并研究了衬底对 Ba₀.₄Sr₀.₆TiO₃ 铁电薄膜外延质量的影响。从摇摆曲线的半高宽（FWFIM）及原子力显微镜（AFM）图谱中可以看出，在铝酸锶钽镧（LAST）衬底上生长的薄膜，外延质量明显比失配度更小的钛酸锶（STO）衬底上生长的要好，并不是传统认为的晶格失配度越小越好，分析其原因主要是因为小的失配不利于应力的释放造成的。其结果如表 2.4 和图 2.33 所示[21]。

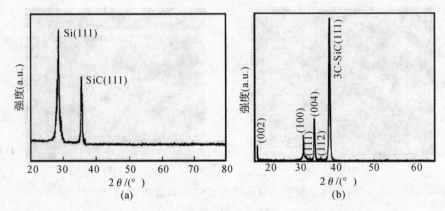

图 2.31　SiC 和在 SiC 上生长的 $YMnO_3$ 薄膜的 XRD 图谱

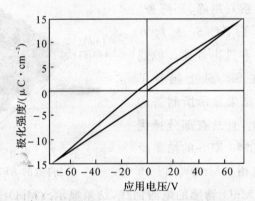

图 2.32　在 SiC 上生长的 $YMnO_3$ 薄膜的电滞回线

表 2.4　不同衬底上 $Ba_{0.4}Sr_{0.6}TiO_3$ 铁电薄膜参数的比较

| 基底 | 晶格常数 | | | 晶格失配度 % | c 轴相对变化率 % | FWHM(002)(deg.) | RMS 表面粗糙度 nm |
	BST nm	薄膜 nm	基底 nm				
LAST		c=0.399 71	a=0.386 80	2.064	0.223	0.18	0.253 1
LAO	a=0.394 87 c=0.398 82	c=0.405 65	a=0.379 20	4.048	1.698	0.21	0.289 2
STO		c=0.408 60	a=0.390 50	1.112	2.423	0.23	0.441 2

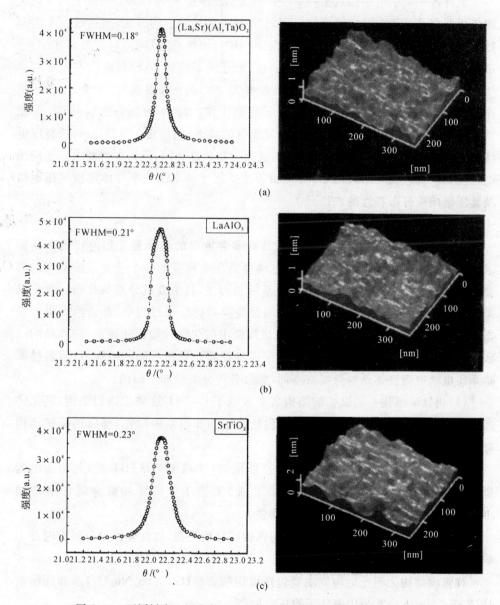

图 2.33 不同衬底上沉积的 $Ba_{0.4}Sr_{0.6}TiO_3$ 薄膜的摇摆曲线与 AFM 图

(a)LAST；(b)LAO；(c)STO

天津理工大学电子信息工程学院孙连婕、陈希明、杨保和等人研究了六方氮化硼薄膜制备及其压电响应。他们采用射频(RF)磁控溅射的方法,通过改变工艺参数在 n 型 Si(100)片上制备六方氮化硼(h-BN)薄膜,通过傅立叶红外(FTIR)光谱仪、X 射线衍射(XRD)仪进行结构表征,原子力显微镜(AFM)进行表面形貌和压电性能表征。测试结果表明,在射频功率为 300W、衬底温度为 500℃、工作压强在 0.8Pa、N_2 与 Ar 流量比为 4∶20 和衬底偏压在 -200V 时制备的六方 BN 薄膜具有高纯度、高 c 轴择优取向,颗粒均匀致密的特点,粗糙度为 2.26nm,具有压电性并且压电响应均匀,符合高频声表面波器件基片高声速、优压电性要求。薄膜压电性测试研究表明,AFM 的 PFM 测试方法适用于纳米结构半导体薄膜的压电性及其压电响应分布特性的表征[22]。

1. 无铅压电陶瓷

研究开发高性能的无铅压电陶瓷具有非常重要的科学意义和迫切的市场需求,也逐渐成为研究的热点。无铅压电陶瓷是压电陶瓷的一个子类。传统压电陶瓷主要是以含铅的锆钛酸铅(PZT)系材料为主,其主要成分是氧化铅。氧化铅是一种易挥发的有毒物质,在生产、使用及废弃后的处理过程中,都会给人类和生态环境造成损害。PbO 的挥发也会造成陶瓷中的化学计量比的偏离,使产品的一致性和重复性降低,且需要密封烧结,使成本提高。根据不同的结构,目前各种非铅系压电铁电陶瓷体系划分略有不同,综合各种分类做如下归纳。

(1)钙钛矿结构。钙钛矿的结构名字来源于 $CaTiO_3$ 这种矿物的结构,其化学通式为 ABO_3,许多重要的压电陶瓷(包括铅系和非铅系的陶瓷)都以钙钛矿结构存在。

钙钛矿结构无铅压电陶瓷主要包括钛酸钡($BaTiO_3$)基(BT 基)无铅压电陶瓷、钛酸铋钠 $(Bi_{0.5}Na_{0.5})TiO_3$ 基(BNT 基)无铅压电陶瓷和碱金属铌酸钾钠 $(K,Na)NbO_3$ 基(KNN 基)无铅压电陶瓷。

(2)钨青铜结构。此类晶体结构与钙钛矿结构类似,故在体系划分时有时并不单独列出。

钨青铜结构无铅压电陶瓷主要包括以铌酸锶钡 $(Sr_{1-x}Ba_xNb_2O_6)$ 系和铌酸钡钠 $(NaBa_2Nb_5O_{15})$ 系为代表的无铅压电陶瓷。

(3)铋层状结构。此类压电陶瓷为具有层状结构的化合物,是由铋层状结构化合物层和钙钛矿结构的晶格层穿插交叠而成。

铋层状结构无铅压电陶瓷主要包括以钛酸铋($Bi_4Ti_3O_{12}$)、钛酸铋钙

$(CaBi_4Ti_4O_{15})$ 和钛酸铋锶 $(SrBi_4Ti_4O_{15})$ 为代表的铋层状结构无铅压电陶瓷。

2. 无铅压电陶瓷近期研究进展

铜仁学院物理与电子科学系石维、冉耀宗、左江红等人介绍了高温压电材料的研究现状,综述了钙钛矿、钨青铜、铋层状及碱金属铌酸盐 4 种不同压电陶瓷的结构及研究情况,并指出了高居里点压电陶瓷的研究方向和发展趋势。不同结构压电材料的室温电学性能如表 2.5 所示[23]。

表 2.5　不同结构压电材料的室温电学性能

材料	结构	$T_c/℃$	$d_{33}/(pm \cdot V^{-1})$
$Pb(Zr,Ti)O_3$	Perovskite	330	417
$PbTiO_3$	Perovskite	490	56
$(BaPb)Nb_2O_6$	Tungsten bronze	400	85
$Bi_4Ti_4O_{15}$	Bismuth-layer	600	18
$LiNbO_3$	Corundum	1 150	6

浙江大学现代光学仪器国家重点实验室尹伊、傅兴海、张磊等人研究了择优取向 MgO 缓冲层上制备的硅基 $Ba_{0.7}Sr_{0.3}TiO_3$ 薄膜的结构和性能。他们分别采用 Sol-Gel 法和磁控溅射法在 Si(001) 单晶衬底上制备出 (111) 和 (001) 取向的 MgO 缓冲层薄膜,随后在其上生长 $Ba_{0.7}Sr_{0.3}TiO_3$(BST30)铁电薄膜,通过 X 射线衍射、扫描电子显微镜、原子力显微镜等方法研究了薄膜的微结构。实验结果发现,在较厚的 MgO(001) 缓冲层上可长出 (101) 取向的 BST30 薄膜,而在较薄的 MgO(111) 缓冲层上则表现出 (101) 和 (111) 取向相互竞争的现象。随着 MgO(111) 缓冲层厚度的增加,BST30 薄膜的 (101) 取向被抑制,而 (001) 取向逐渐增强。利用反射率测定仪、阻抗分析仪研究 BST30 薄膜的光学和电学性能,通过改进的单纯形法拟合反射率曲线,得到了 BST30 及其 MgO 缓冲层薄膜的光学常数,由 BST30 薄膜的电流-电压特性($I-V$ 曲线),发现 MgO 缓冲层对 BST30 薄膜的漏电流有明显的阻隔作用,可以有效地消除 BST30 膜层的 P-N 结效应。相关结果如图 2.34 至图 2.38 及表 2.6 所示[24]。

在图 2.34 中,(a)(b)(c)和(d)分别代表 MgO(111)缓冲层的层数为 0、2、4 和 6 层。

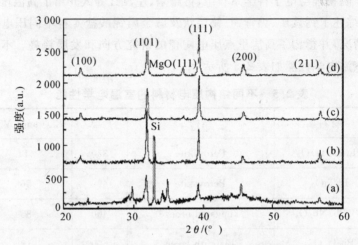

图 2.34　BST30 薄膜的 X 射线衍射图谱随较薄的 MgO(111)
缓冲层厚度的变化

在图 2.35 中,(a)(b)和(c)分别代表 MgO(111)缓冲层的层数为 10、15 和20 层。

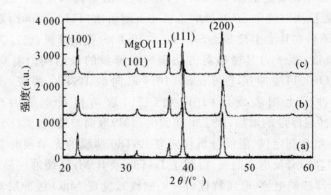

图 2.35　BST30 薄膜的 X 射线衍射图谱随较厚的 MgO(111)
缓冲层厚度的变化

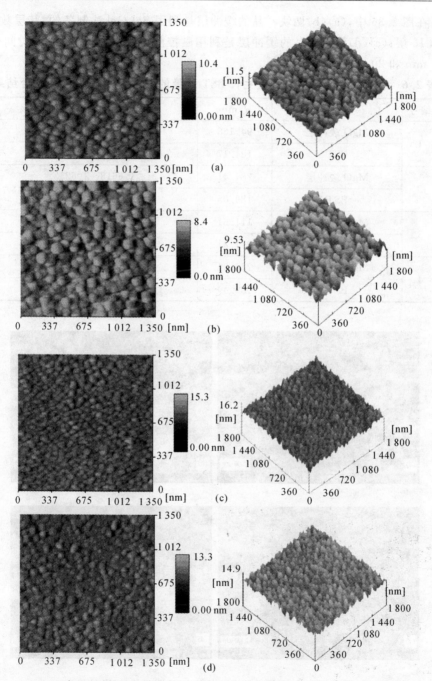

图 2.36　MgO 缓冲层上生长的 BST 薄膜的 AFM 结果

在图 2.36 中,(a)(b)两块样品的缓冲层是利用 Sol-Gel 法制备的,其层数为 2 层和 15 层;(c)(d)两块样品的缓冲层是利用磁控溅射法制备的,其溅射时间分别为 5 min 和 20 min。

表 2.6 Si 衬底 MgO 缓冲层上生长 BST 薄膜的膜厚和色散参量的拟合结果

编号	材料	d/mm	$n(\lambda=400\sim780\text{ nm})$
1	MgO 缓冲层	94.168	1.726 6～1.688 8
	BST	184.17	2.312 9～2.142 0
2	MgO 缓冲层	284.41	1.661 8～1.625 3
	BST	189.05	2.237 5～1.976 7
3	MgO 缓冲层	111.61	1.856 3～1.692 2
	BST	211.31	2.391 7～2.191 3
4	MgO 缓冲层	238.31	1.708 0～1.643 0
	BST	189.49	2.307 9～2.048 1

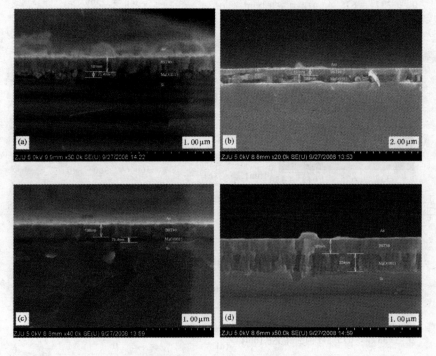

图 2.37　MgO 缓冲层上生长的 BST 薄膜的 SEM 结果

在图 2.37 中,(a)(b)两块样品的缓冲层是利用 Sol-Gel 法制备的,其层数为 2 层和 10 层;(c)(d)两块样品的缓冲层是利用磁控溅射法制备的,其溅射时间分别为 5 min 和 20 min。

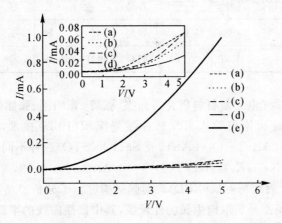

图 2.38　各样品的 I-V 曲线对比(V=0～5 V)

四川大学材料科学与工程学院陆雷、肖定全、田建华、朱建国等人在无铅压电陶瓷薄膜的制备及应用研究中,概括介绍了无铅压电陶瓷薄膜的研究进展,主要包括无铅压电陶瓷薄膜材料的主要制备方法,特别是射频磁控溅射法、脉冲激光沉积法和溶胶-凝胶法,以及无铅压电陶瓷薄膜材料可能的器件应用[25]。

相关结果如表 2.7 及表 2.8 所示。

表 2.7　几种无铅压电陶瓷薄膜性能

薄膜材料	基片	介电系数	剩余极化强度 P_s $\mu C \cdot cm^{-2}$	矫顽场强 E_c $kV \cdot cm^{-1}$	有效压电系数 d_{33} $pm \cdot V^{-1}$	参考文献
$BaTiO_3$	$Pt/Ti/SiO_2/Si$	291	4.8	50	30	[1,2]
$Bi_4Ti_3O_{15}$	$Pt/Ti/SiO_2/Si$	256	13	76	40	[3]
$Ba_{0.66}Er_{0.22}Nb_2O_6$	$Pt/MgO/Si$	400	3.2	30	—	[4]
$Bi_{0.5}Na_{0.5}TiO_3$	$Pt/Ti/SiO_2/Si$	277	8.3	200	—	[5]
$K_{0.5}Na_{0.5}NbO_3$	$Pt/Ti/SiO_2/Si$	207.3	16.4	42	61	[6,7]

表 2.8 RF 磁控溅射、PLD 和溶胶-凝胶法 3 种薄膜制备技术的比较

制备工艺	沉积速率	致密性	均匀性	与靶成分一致性	厚度控制	组分控制	掺杂难度	外延生长	基片加热	设备成本
射频溅射	一般	很好	好	一般	容易	一般	一般	好	能	一般
PLD	高	好	差	好	容易	好	一般	好	能	一般
Sol-Gel	一般	差	较好	—	困难	很好	容易	差	不能	低

昆明理工大学光电子新材料研究所尚杰、张辉、曹明刚、张鹏翔和潍坊学院物理与电子科学学院唐艳艳等人采用脉冲激光沉积（PLD）技术，分别在 $LaAlO_3$（LAO）、(La，Sr)(Al，Ta)O_3（LAST）及 $SrTiO_3$（STO）三种不同的单晶衬底上制备了一系列无铅$(Na_{1-x}K_x)_{0.5}Bi_{0.5}TiO_3$（$x=0.00，0.08，0.19，0.3$，NKBT）铁电薄膜材料，利用 X 射线衍射仪（XRD）对薄膜结构进行了分析。结果表明在单晶平衬底上生长的薄膜都是单取向生长的外延膜，其中摇摆曲线的半高宽（FWHM）显示在(La，Sr)(Al，Ta)O_3单晶衬底上生长的薄膜结晶质量最好。另外，在 20°倾斜的(La，Sr)(Al，Ta)O_3单晶衬底上生长的$(Na_{1-x}K_x)_{0.5}Bi_{0.5}TiO_3$铁电薄膜中还首次观察到了激光感生热电电压（LITV）信号，发现在能量为 0.48mJ/pulse 的紫外脉冲激光辐照下，其最大激光感生热电电压为 31mV，完全满足了制作脉冲激光能量计探测元件的要求，有望开发出可集成的新型脉冲激光能量计。NKBT 铁电薄膜的最佳制备工艺参数如表 2.9 所示[26]。

表 2.9 NKBT 铁电薄膜的最佳制备工艺参数

薄膜	最佳工艺参数				
	沉积温度 ℃	沉积频率 Hz	沉积氧压 Pa	激光能量 mJ	降温速率 ℃·min^{-1}
$Na_{0.5}Bi_{0.5}TiO_3$	635	10	15（流动）	200	20
$(Na_{0.92}K_{0.08})_{0.5}Bi_{0.5}TiO_3$	641	10	15（流动）	200	20
$(Na_{0.81}K_{0.19})_{0.5}Bi_{0.5}TiO_3$	660	10	15（流动）	200	20
$(Na_{0.70}K_{0.30})_{0.5}Bi_{0.5}TiO_3$	682	10	15（流动）	200	20

重庆大学材料科学与工程学院符春林、潘复生等人综述了脉冲激光沉积制备铁电薄膜的历史、工艺参数、特点，以及采用此方法制备出的某些材料的铁电性能。其主要结果如图 2.39、图 2.40 和表 2.10 所示[27]。

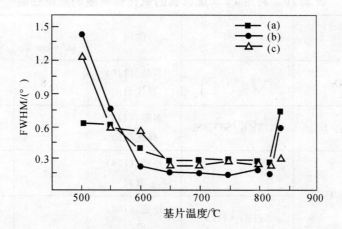

图 2.39 (001)BLT 薄膜质量与成膜温度的关系,其中 FWHM 值分别来源于
001 峰的(a)2θ、(b)ω 扫描和(c)111 峰的扫描

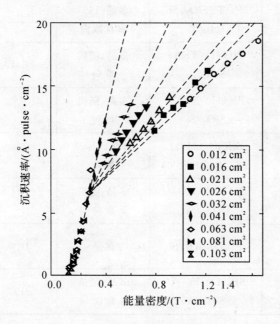

图 2.40 沉积速率与能量密度的关系

表 2.10　利用 PLD 法沉积的氧化物薄膜的铁电性能

材料	基片	结构	$\dfrac{P_r}{\mu C \cdot cm^{-2}}$	$\dfrac{E_c}{kV \cdot cm^{-2}}$
$BaTiO_3$	$Pt/Ti/SiO_2/Si$	多晶、(110) 择优取向	0.8	40
$SrBi_2Ta_2O_9$	$Pt/TiO_2/SiO_2/Si$	多晶、(115) 择优取向	8.9	74.2
$SrBi_2Ta_2O_9$	$SrTiO_3(011)$	外延、(116) 取向	4.8	84
	$SrTiO_3(111)$	外延、(103) 取向	5.2	52
$Sr_{0.8}Ba_{0.2}Bi_2Ta_2O_9$	$Pt/TiO_2/SiO_2/Si$	多晶、(115) 择优取向	11.8	31.1
$SrBi_2Nb_2O_9$	$Pt/Ti/SiO_2/Si$ (100)	多晶(115) 择优取向	23.2	112
$Bi_4Ti_3O_{12}$	$Pt(111)/TiO_2/SiO_2/Si$	多晶、随机 取向	6.4	112
$Bi_{3.25}La_{0.75}Ti_3O_{12}$	$Pt(111)/TiO_2/SiO_2/Si$	多晶、随机 取向	10	75
$Bi_{3.25}La_{0.75}Ti_3O_{12}$	$SrRuO_3(110)/YSZ(100)Si(100)$	外延、(100) 取向	32	265
$Bi_{3.94}Ti_{2.982}Nb_{0.018}O_{12}$	$Pt(111)/TiO_2/SiO_2/Si$	多晶、随机 取向	15	130
$PbZr_{0.53}Ti_{0.47}O_3$	$Pt/Ti/SiO_2/Si$	多晶	31.5	50.5
$Pb_xLa_xZr_{1-y}Ti_yO_3$	$SrRuO_3/Pt/Ti/SiO_2/Si$	多晶、随机 取向	19	70

　　南京航空航天大学智能材料与结构航空科技重点实验室曹洋、朱孔军、裘进浩等人研究了铌酸钾钠无铅压电陶瓷薄膜的制备方法。他们综述了铌酸钾钠薄膜的

制备技术,包括溶胶-凝胶法、脉冲激光沉积法和磁控溅射法等,讨论了铌酸钾钠薄膜各种方法的制备工艺与功能性质的关系等,指出了各种制备技术的优缺点及发展现状,最后提出了目前铌酸钾钠薄膜制备及应用中存在的一些问题及今后的发展方向。相关结果如图 2.41、图 2.42、图 2.43 和表 2.11 所示[28]。

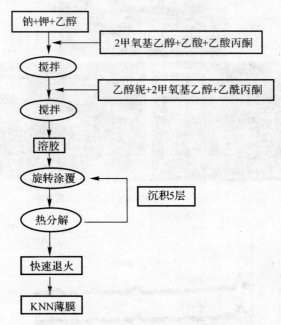

图 2.41 Sol-Gel 法制备 KNN 薄膜流程图

表 2.11 水热法制备钙钛矿型 KNbO₃ 及 KTaO₃ 薄膜

薄膜	基板	原料	反应温度 ℃	碱度 M
KNbO$_3^{[49]}$	SrTiO₃(100)& LiTaO₃(001)	KOH、Nb₂O₅	180～210	10～1
KNbO$_3^{[50]}$ 薄膜和纳米线	SrTiO₃(100)	KOH、Nb₂O₅	125～200	15
KTaO$_3^{[51]}$	SrTiO₃(100)	KOH、Ta₂O₅	170	7
KTaO$_3^{[52]}$ 超临界状态	SrTiO₃(100)	KOH、Ta₂O₅	400	0.1～7

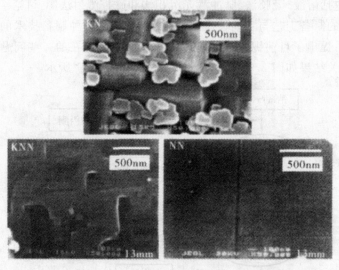

图 2.42 KN、KNN 和 NN 薄膜的表面形貌

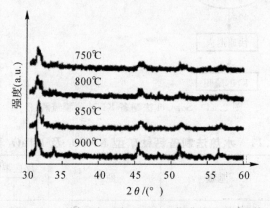

图 2.43 不同退火温度下 KNN 薄膜的 XRD 图谱

四川大学材料科学与工程学院陆雷、肖定全、贲敦敏等人从事铌酸盐无铅压电薄膜的脉冲激光沉积制备研究。他们采用脉冲激光沉积(PLD)在 $Pt/Ti/SiO_2/Si$ 基片上制备了新型 $Li_{0.04}(Na_{0.5}K_{0.5})_{0.96}(Nb_{0.775}Ta_{0.225})O_3$ 无铅压电陶瓷薄膜,分别利用 X-射线衍射仪(XRD)和扫描电镜(SEM)研究了该薄膜的晶体结构及表面形貌,分析研究了制备技术和工艺对薄膜晶体结构及表面形貌的影响。研究的结果表明:薄膜的热处理温度和氧气压力对所生长的薄膜影响较大,制备 $Li_{0.04}(Na_{0.5}K_{0.5})_{0.96}(Nb_{0.775}Ta_{0.225})O_3$ 薄膜的最佳退火温度和氧气压力分别为

650℃和30 Pa,利用脉冲激光沉积的 $Li_{0.04}(Na_{0.5}K_{0.5})_{0.96}(Nb_{0.775}Ta_{0.225})O_3$ 无铅压电陶瓷薄膜具有精细的表面结构[29]。相关结果如图 2.44 至图 2.47 所示。

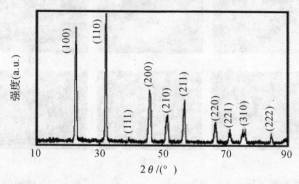

图 2.44　$Li_{0.04}(Na_{0.5}K_{0.5})_{0.96}(Nb_{0.775}Ta_{0.225})O_3$ 多晶靶的 XRD 图谱

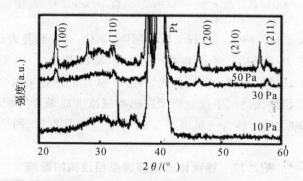

图 2.45　不同氧气压力下 $Li_{0.04}(Na_{0.5}K_{0.5})_{0.96}(Nb_{0.775}Ta_{0.225})O_3$ 薄膜的 XRD 图谱

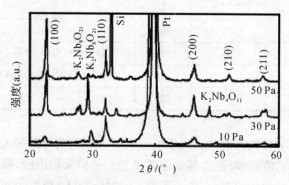

图 2.46　不同氧气压力下 $Li_{0.04}(Na_{0.5}K_{0.5})_{0.96}(Nb_{0.775}Ta_{0.225})O_3$
薄膜经 650℃退火后的 XRD 图谱

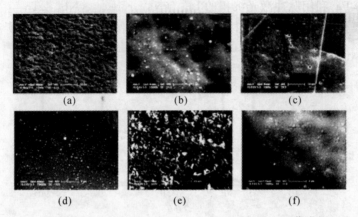

图 2.47　不同氧压下 $Li_{0.04}(Na_{0.5}K_{0.5})_{0.96}(Nb_{0.775}Ta_{0.225})O_3$ 薄膜的 SEM 图
(a)3 Pa,1 000 倍;(b)3 Pa,10 000 倍;(c)10 Pa,1 000 倍;
(d)10 Pa,10 000 倍;(e)30 Pa,1 000 倍;(f)30 Pa, 10 000 倍

　　陕西科技大学材料科学与工程学院谈国强、李佳、梁云鹤等人研究了前驱物碱浓度对水热法制备碱金属铌酸盐铁电薄膜的影响。他们以 Nb_2O_5 为 $KNbO_3/NaNbO_3$ 铌源,采用了水热合成法在 Ti 基片上制备了碱金属铌酸盐铁电薄膜,采用 XRD 衍射仪测试手段分析了前驱物碱浓度对碱金属铌酸盐的影响,并初步探讨了 $KNbO_3$ 的水热合成机理[30]。所得结论如表 2.12、图 2.48、图 2.49 和图 2.50 所示。

表 2.12　钾铌比对铌酸钾晶相结构的影响

序号	钾铌比	KOH 浓度 mol·L^{-1}	反应条件 ℃	反应条件 h	晶相组成
1	1	15	220	24	$KNbO_3$、Nb_2O_5
2	2	15	220	24	$KNbO_3$、Nb_2O_5、$K_2Nb_8O_{21}$
3	3	15	220	24	$KNbO_3$、Nb_2O_5、$K_2Nb_8O_{21}$
4	4	15	220	24	$KNbO_3$

　　西安科技大学材料科学与工程学院杜娴、杜慧玲、黄锦阳等人研究了钛酸铋钠基无铅压电材料的溶胶-凝胶自蔓燃制备工艺。他们采用溶胶-凝胶自蔓燃法合成具有单一钙钛矿相的 $0.76Na_{0.5}Bi_{0.5}TiO_3-0.24SrTiO_3$(简写为 NBT-ST)的超细粉体,并采用热重/差热、X 射线粉末衍射、红外光谱等分析手段对自蔓燃工艺前后

的粉体进行了分析表征。通过对合成工艺中溶胶 pH 值、水浴温度、柠檬酸与硝酸根离子配比、热处理温度等参数的优化,获得了制备单一钙钛矿结构的 NBT - ST 无铅压电材料超细粉体的最优工艺参数,即溶胶 pH 值为 8,水浴温度为 80℃,柠檬酸与硝酸根离子配比为 1.25∶1,185℃ 左右凝胶发生自蔓燃,热处理温度为 550℃,保温时间为 1 h。相关结果如图 2.51 至图 2.58 所示[31]。

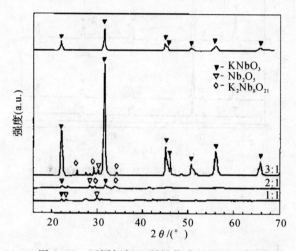

图 2.48 不同钾铌比所得薄膜的 XRD 图谱

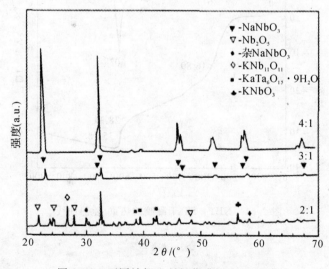

图 2.49 不同钠铌比所得薄膜的 XRD 图谱

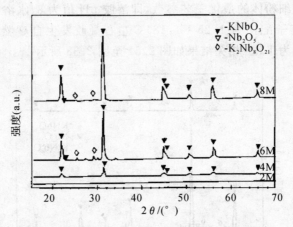

图 2.50　不同 KOH 浓度所得薄膜的 XRD 图谱

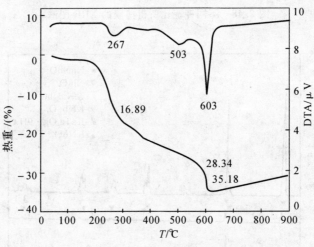

图 2.51　NBT - ST 干凝胶的热重/差热曲线

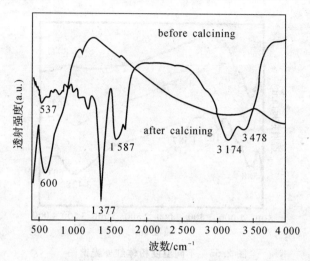

图 2.52　粉末自蔓燃前后红外光谱图

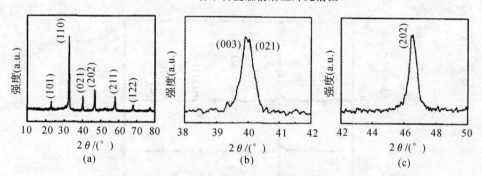

图 2.53　合成粉末的 XRD 图谱

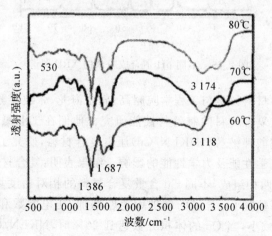

图 2.54　不同温度干凝胶红外光谱图

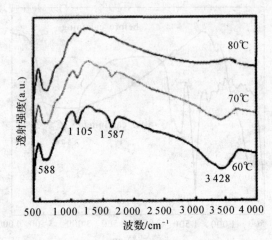

图 2.55　不同温度粉体红外光谱图

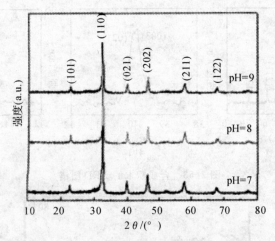

图 2.56　不同 pH 值合成粉末的 XRD 图谱

　　北京科技大学材料科学与工程学院赵高磊、张海龙、张波萍等人进行了铜颗粒分散铌酸钾钠压电复合材料的制备与性能研究。他们在工业氮气(N_2)气氛条件下制备了锂掺杂铌酸钾钠/铜(NKLN/Cu)压电复合材料,研究了铜含量对复合材料相结构、密度、电学性能及力学性能的影响。结果表明:复合材料由 NKLN 陶瓷相和 Cu 金属颗粒两相组成,不同 Cu 含量复合材料的相对密度均达到 95% 以上。复合材料的介电系数随 Cu 含量的增加而急剧增加,压电常数和机电耦合系数随 Cu 含量的增加而减小,当 Cu 的体积分数达到 20% 时,NKLN/Cu 复合材料的介电性能和压电性能均难以测量。NKLN/Cu 复合材料的显微硬度随 Cu 含量的增加而降低,断裂韧性值随 Cu 含量的增加而升高,从铌酸钾钠陶瓷的 1.01 MPa 逐渐增至 Cu 的体积分数为 40% 时的 2.81 MPa。所得结果如图 2.59 至图 2.64 所示[32]。

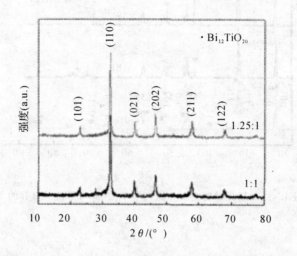

图 2.57 不同柠檬酸与硝酸根离子配比的 XRD 图谱

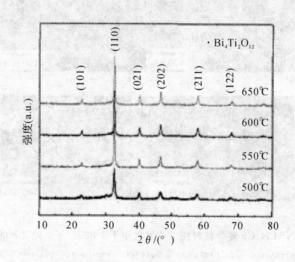

图 2.58 不同热处理温度制备粉体的 XRD 图谱

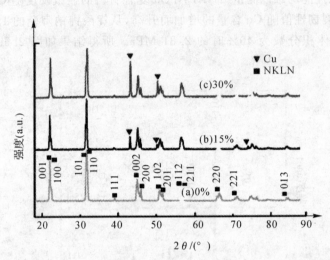

图 2.59　NKLN/Cu 复合材料在工业氮气中于 1 020℃下烧结 2 h 的 XRD 图谱

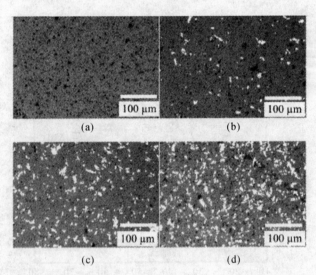

图 2.60　NKLN/Cu 复合材料在工业氮气中于 1 020℃下烧结 2 h 的光镜照片

(a)φ(Cu)＝0％;(b)φ(Cu)＝5％;(c)φ(Cu)＝15％;(d)φ(Cu)＝30％

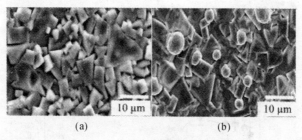

图 2.61 NKLN/Cu 复合材料的 SEM 照片

(a)φ(Cu)=0％；(b)φ(Cu)=10％

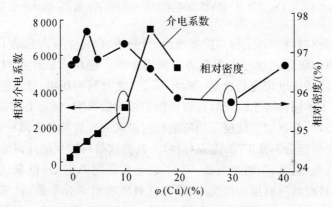

图 2.62 NKLN/Cu 复合材料的相对介电系数和相对密度随 Cu 含量的变化

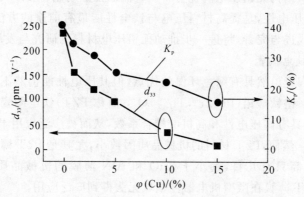

图 2.63 NKLN/Cu 复合材料的压电常数 d_{33} 和机电
耦合系数 K_p 随 Cu 的体积分数的变化

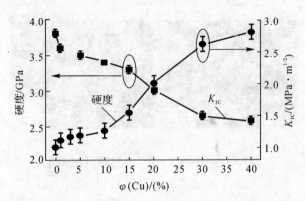

图 2.64　NKLN/Cu 复合材料的显微硬度和断裂韧性 K_{IC} 随 Cu 的体积分数的变化

　　济南大学材料科学与工程学院崔永涛、付兴华、燕克兰等人总结了铋层状结构无铅压电材料的研究现状与发展趋势。他们介绍了铋层无铅压电材料的结构特点，综述了该体系压电陶瓷的微量元素与制备工艺对材料压电、铁电性能的影响规律，着重讨论了不同位离子取代对陶瓷性能和结构的影响，概括了制备高取向陶瓷的先进制备技术，并展望了铋层无铅压电材料未来的发展趋势。结论是，铋层状结构材料的某些性能远不及 PZT 陶瓷材料，为改善该材料的性能还需做大量的研究工作。它可以概括为以下两个方面：其一，进一步研究 A 位、B 位取代对材料的改性，使其在保持高居里温度的情况下，提高材料的机电耦合系数、机械品质因数及压电常数等，获得具有实用性的陶瓷材料；其二，进一步研究不同制备技术以获得高性能的铋层状结构无铅压电陶瓷材料。直流恒强磁场制备技术可获得高定向材料，产生高强的压电性，是提高材料压电与铁电性能最有前途的方法之一，随着该项技术的逐渐改进与完善，将进一步推动无铅压电材料的研究与发展[33]。

2. PZT 基铁电陶瓷

　　无铅压电陶瓷虽然具有绿色环保的优点，但其压电性能仍然不足以满足高精度器件的要求。锆钛酸铅（$Pb(Zr_x,Ti_{1-x})O_3$，简称 PZT）铁电陶瓷是一类性能出色的压电材料，具有高压电性和高机电耦合系数，从而被广泛应用于多种大型机电设备制造[34-36]。然而，PZT 材料的机械品质因数小，尤其是 PZT 薄膜的机械品质因数低则几十，高只有几百，远小于 ZnO 和 AlN 薄膜的机械品质因数（1000～2000），使得 PZT 薄膜在微型机电器件领域无法得到广泛应用。

　　人们在 PZT 铁电陶瓷研究中发现，将某些与 PZT 相似结构的材料按一定比例与 PZT 混合、烧结，形成的固溶体结构的铁电陶瓷，在其准同型相变边界处具有出色的压电性、机电耦合特性和较高的机械品质因数[37-41]。例如，适度掺杂 Mn 和

Nb 的 Pb（$Mn_{1/3}$，$Nb_{2/3}$）O_3－$PbZr_xO_3$－$PbTi_{1-x}O_3$（简称 PMnN－PZT）三元系铁电薄膜，具有高压电性和高机械品质因数，该类薄膜对微型机电器件的制备具有重要意义。

2.2.2 PZT 基铁电材料研究现状

国外，早在 1971 年，日本工业界就开始尝试研究多元系 PZT 基铁电陶瓷（体材料），成功制备出具有高压电性和铁电性的弛豫复合铁电陶瓷 PMN－PT。京都大学的 Wasa 教授科研小组取得了出色成果，较早地在单晶 MgO（100）基底上制备出高压电性、强铁电性的 c 轴长向单晶 PMN－PT 弛豫性铁电薄膜[42]。美国宾州州立大学的 Uchino 教授对不同 Zr/Ti 组成比例的 PZT 薄膜的压电性能与晶粒生长取向的关系进行了深入的理论研究，其理论曲线与实验结果符合较好[43]。瑞士科学家 Muralt 一直致力于寻找一种能替代 ZnO 和 AlN 的高压电薄膜，他认为 PZT 基铁电薄膜将是这两种薄膜的最好替代材料。他的小组一直致力于高压电 PZT 基铁电薄膜的研究，有报道称他们成功地制备出横向压电系数高达－15C/m^2 的非掺杂 PZT 铁电薄膜[10,44]。韩国材料科学学院的 Ryu 等人利用雾化沉积方法制备了 PMnN－PZT 厚膜；薄膜厚度在 10 微米以上，报道称在添加 PMnN 比例一定时，薄膜的压电性和机械品质因数有明显提高，该类薄膜有望应用于高功率、高灵敏度和高压电传感器[45]。

国内，我国台湾东方科技学院的 Cheng 等人研究了不同烧结方法对 PMnN－PZT 陶瓷的烧结温度、频稳特性和弹性常量等特性的影响[46]。清华大学褚祥诚、李龙土、周铁英和董蜀湘等人对压电超声马达、压电陶瓷多层变压器等压电驱动器有深入研究，并有众多成果发表。他们同时对 PZT 等压电陶瓷制备也有一定研究，其研究主要针对压电驱动器件的设计与完善，所用压电材料主要为各种压电陶瓷的体材料[47-49]。李强、夏志国、斯琴毕力格等人设计了一系列具有准同型相界组分的 PMN－PT－PZ 三元体系陶瓷，研究了它们的相结构及介电、压电和铁电性能。研究表明，该系列 PMN－PT－PZ 三元系铁电陶瓷都具有三方与四方相共存的准同型结构和优异的电学性能[50]。西安交通大学姚熹院士及其科研小组在铁电、压电材料制备与分析方面取得了系列成果，其主要研究新型 BST 和 BZT 基无铅压电陶瓷，但少见其在掺杂改性 PZT 基铁电薄膜方面的研究报道[51-52]；陈源清、赵高扬、夏卫民等人采用化学溶液法制备 Pb（$Zr_{0.52}$，$Ti_{0.48}$）O_3－$CoFe_2O_4$ 复合薄膜[53]。

浙江大学王德苗教授科研小组在 PZT 压电薄膜的制备与表征方面进行了深入研究，其研究主要集中在不同 Zr 和 Ti 配比的非掺杂 PZT 薄膜的制备与表征方面。他们尝试使用纯 PZT 薄膜制备声学器件,例如,薄膜体声波谐振器(FBAR),但因 PZT 薄膜机械品质因数太小,器件谐振性能较差,并未见其对三元系 PZT 基铁电薄膜的研究报道[54-55]。哈尔滨工业大学曹文武教授研究小组对三元系 PZT 基铁电陶瓷进行了系统研究,研究了 PZnN - PZT,PMN - PT 和 PZnN - PT 等多元系铁电陶瓷的制备方法及其性能表征,指出掺杂不同物质能不同程度改善 PZT 的铁电性、压电性和弹性参量[56-57]。河北大学物理科学与技术学院王宽冒等人的研究结论是 SrRuO₃缓冲层能有效改进 Pb(Zr,Ti)O₃薄膜的疲劳特性,但同时会增加薄膜的漏电性[58]。电子科技大学的张菲、朱俊等人研究了 MgO 缓冲层对 PZT 薄膜异质结构电学性能的影响[59]。王敬宇、左长明、姬洪等人还研究了不同退火升温速率下 PZT 铁电薄膜中的残余应力[60]。天津大学的刘亚威采用传统的固相烧结技术制备 $Pb_{0.95}Sr_{0.05}[(Mn_{1/3},Nb_{2/3})_x(Zr_y,Ti_{1-y})_{1-x}]O_3$ 三元系压电陶瓷材料,并通过添加 CeO_2 以提高其性能。他通过 X 射线衍射仪(XRD)对试样的晶相进行了分析,用扫描电子显微镜观察了样品断面的显微结构,并讨论了成分组成、Zr/Ti 比、烧结温度等对材料介电、压电性能的影响[61]。南京大学朱劲松、王业宁教授研究组采用内耗法对驰豫性铁电体相变过程进行了研究。中科院上海硅酸盐研究所徐家跃等人对驰豫性铁电晶体的制备技术及应用进行了研究[62],仲维卓、华素坤、郑燕青等人提出负离子配位理论,并对 ABO₃钙钛矿结构晶体的生长机理做了深入研究[61-62]。

此外,上海大学的程晋荣教授对具有 MPB 特征的居里温度最高的钛酸铅和铁酸铋压电陶瓷进行掺杂改性研究,获得了较高的室温绝缘性质,他同时研究了 BiFeO₃在 MPB 附近的室温多重铁电行为。复旦大学的江安全教授在铁电薄膜理论及器件集成技术对铁电薄膜性质影响等方面也有相关研究。

由国内外研究现状可知,三元系 PZT 基铁电材料在其准同型相变边界处具有优异的功能特性,然而对 PZT 基铁电材料的研究主要集中于 PZT 体陶瓷,对面向微型器件与微机电系统应用的 PZT 基铁电薄膜的研究较少,已有研究也主要偏重于薄膜制备及性能表征,缺乏明确的掺杂理论研究,使得三元系 PZT 基铁电薄膜制备主要依靠经验和探索,研究结论的普适性和可重现性差。

2.3　压电薄膜性能表征

在铁电、压电薄膜表征中,利用面外 2θ - X 射线衍射(XRD)分析压电膜的晶体结构和计算晶格常数,并利用面内 φ - XRD 来分析薄膜生长取向和结构,利用扫描电子显微镜(SEM)进行膜表面的形貌分析,利用 Sawyer-Tower 电路来测量薄膜的铁电性,利用悬臂梁的方法测量薄膜横向压电系数,利用 LCR 数字电桥测量膜的介电系数、介电损耗因子和铁电薄膜的居里温度。

2.3.1 薄膜的晶体结构

利用薄膜的 2θ - XRD 谱线,如图 2.65 所示为 PMnN - PZT(45/55)薄膜的 XRD 衍射曲线,从其衍射曲线可看出,薄膜呈现出很强的(001)取向,(001)峰的强度甚至大于基底 MgO 的(200)峰和底电极 Pt(002)峰的强度。除了(001)峰外还能够观察到 PMnN - PZT 的(101)峰,可是其峰值不到(001)峰值的 0.5%,因而可以认为 PMnN - PZT(45/55)薄膜是 c 轴高度取向单晶薄膜。

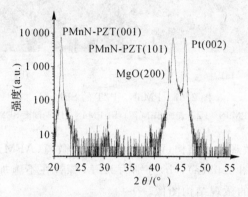

图 2.65 PMnN - PZT 2θ - XRD 谱线

若要进一步确定薄膜的晶体结构,需测量薄膜面内(103)方向的 XRD 衍射分布,其衍射谱线如图 2.66 所示。结果表明,PMnN - PZT 薄膜为单晶薄膜,且呈现四方晶构。

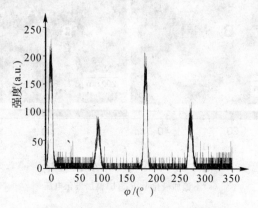

图 2.66 PMnN - PZT φ - XRD 谱线

2.3.2 薄膜表面及截面形态表征

薄膜表面和截面形态,可利用扫描电子显微镜(SEM)观察测试,图 2.67(a)和 (b)分别为 PMnN - PZT(45/55)表面 SEM 图和剖面 SEM 图。

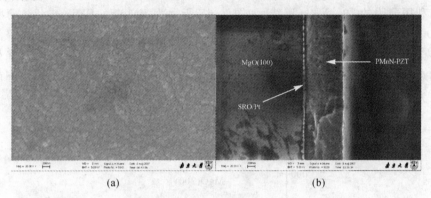

图 2.67　PMnN - PZT 的 SEM 图
(a) PMnN - PZT 表面 SEM 图;(b) PMnN - PZT 剖面 SEM 图

对于薄膜内部微观粒子结构,可采用原子力显微镜(AFM)和透射电子显微镜 (TEM)进行测试。图 2.68(a),(b)分别为 AFM 探针在不施加与施加极化电压两 种情形下 PZT 薄膜的微观结构图像。

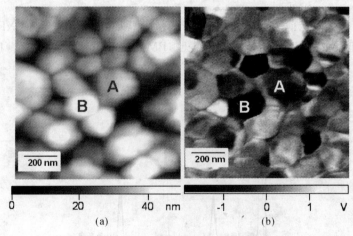

图 2.68　PZT 薄膜的 AFM 影像
(a)不施加极化电压;(b)施加极化电压

2.3.3　薄膜的介电性能表征

薄膜的介电性能可利用 LCR 数字电桥进行测量,图 2.69 所示为精密 LCR 测试仪,利用该测试仪,可精确测得薄膜的介电系数、介电损耗因子、阻抗、导纳等诸多电学参量。

图 2.69　TH2828 型高精度 LCR 测试仪

2.3.4　薄膜的压电性能表征

利用悬臂梁的方法测量薄膜的横向压电应力系数[60]* e_{31}。例如,层状结构为 Pt/PMnN - PZT/Pt/SRO/MgO 的悬臂梁,其中氧化镁为基底。

当悬臂梁基底厚度远大于沉积的膜厚,并且梁在远离其谐振频率的低频区域振动时,压电薄膜的横向压电系数可由下式计算:

$$*e_{31} \approx -\frac{(h^s)^2}{3s_{11}^s L^2 V}\delta \tag{2.1}$$

式中,h^s,s_{11}^s 分别是 MgO 基底厚度和弹性顺度,L 是悬臂梁的长度,V 是激励电压,δ 是悬臂梁在信号激励下末端处的振动位移。测量系统如图 2.70 所示。

图 2.70　悬臂梁振动测量系统

2.3.5 铁电薄膜的铁电性表征

对于具有压电性的铁电薄膜,通常采用 Sawyer Tower 电路表征薄膜的铁电性,测量电路和实际测量系统如图 2.71 和图 2.72 所示。运用该测试系统,可准确测得铁电薄膜的铁电滞回曲线。

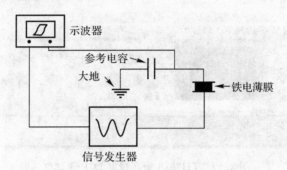

图 2.71　Sawyer Tower 电路系统示意图

图 2.72　Sawyer Tower 电路实际测量装置图

2.3.6 铁电薄膜的居里温度测试

利用 LCR 数字电桥和加温、控温和测温系统测量薄膜的居里温度,加热系统如图 2.73 所示。光学微调平台上的白色管状物为外绝缘陶瓷管的高电流加热电阻丝,承受电流强度可达 3A,加热升温温度可达 600℃。光学平台上引出的白色导线为微型热电偶测量导线,用以测量和调试加热温度,在温度达到稳定时,利用

LCR 数字电桥测量薄膜的电容变化。由铁电特性可知,当铁电薄膜由自发极化变为顺电性时,材料的介电系数也会发生突变,介电系数会由峰值陡降,通过薄膜介电系数变化定位该变化点,该转折点处的温度即为居里温度。

图 2.73 薄膜升温、测温平台

压电薄膜的晶体结构、电学性能和热学等性能直接影响薄膜在实际应用中的表现,因而,薄膜各项性能的表征对评价薄膜综合性能至关重要。此外,具有铁电性的材料必然同时具有压电性。因此,相当一部分比例的压电材料同时具有铁电性,例如罗息盐、$BaTiO_3$、$LiNbO_3$、$LiTaO_3$、PZT、PLZT 和 PMN 等铁电材料。铁电薄膜的铁电性能直接影响薄膜压电性能应用及薄膜稳定性,对于该类薄膜的铁电性及居里温度等特性的表征也很重要。

参考文献

[1] 许小红,武海顺. 压电薄膜的制备、结构与应用[M]. 北京:科学出版社,2002.

[2] 符春林. 铁电薄膜材料及其应用[M]. 北京:科学出版社,2009.

[3] 宁兆元,江美福,辛煜,等. 固体薄膜材料与制备技术[M]. 北京:科学出版社,2008.

[4] 王春雷,李吉超,赵明磊. 压电铁电物理[M]. 北京:科学出版社,2009.

[5] Tadigadapa S. Piezoelectric Micro-electromechanical Systems-Challenges and Opportunities[J]. Procedia Engineering,2010,5:468 – 471.

[6] Voiculescu I, Nordin A N. Acoustic Wave Based MEMS Devices for Bio-sensing Applications[J]. Biosensors and Bioelectronics, 2012, 33: 1 - 9.

[7] Krupa K, Józwik M, Gorecki C, et al. Static and Dynamic Characterization of AlN-driven Microcantilevers Using Optical Interference Microscopy[J]. Optics and Lasers in Engineering, 2009, 47(2): 211 - 216.

[8] Yantchev V, Enlund J, Biurstro J, et al. Design of High Frequency Piezoe-lectric Resonators Utilizing Laterally Propagating Fast Modes in Thin Aluminum Nitride (AlN) Films[J]. Ultrasonics, 2006, 45: 208 - 212.

[9] Sadek A Z, Wlodarski W, Li Y X, et al. A ZnO Nanorod Based Layered ZnO/64° YX LiNbO₃ SAW Hydrogen Gas Sensor[J]. Thin Solid Films, 2007, 515: 8705 - 8708.

[10] Muralt P. PZT Thin Films for Microsensors and Actuators: Where Do We Stand? [J]. IEEE. Ultra. Ferr. Freq. Cont, 2000, 47(4): 903 - 915.

[11] 杨晓朋, 宋平新, 王新昌. 金刚石基压电薄膜研究进展[J]. 材料导报, 2008, S2: 301 - 304.

[12] 郑泽渔, 汤劲松, 朱昌安, 等. ZnO 压电薄膜双面共溅生长技术[J]. 压电与声光, 2010, 32(04): 629 - 630, 633.

[13] 马季, 朱兴文, 徐琼, 等. 多步磁控溅射法制备 ZnO 薄膜[J]. 压电与声光, 2010, 32(04): 631 - 633.

[14] 杨保和, 徐娜, 陈希明, 等. 射频磁控溅射生长 c 轴择优取向 AlN 压电薄膜 [J]. 光电子激光, 2007, 18(12): 1430 - 1434.

[15] 胡作启, 王宇辉, 谢子健, 等. 用于 FBAR 的 c 轴取向 AlN 压电薄膜的研制 [J]. 华中科技大学学报(自然科学版), 2012, 40(1): 6 - 9.

[16] 郭淑兰, 王敏, 徐学东, 等. A 位掺杂 Bi₄Ti₃O₁₂ 薄膜的制备及铁电性能研究 [J]. 中国陶瓷, 2010, 46(12): 12 - 14.

[17] 李桂英, 余萍, 肖定全. Ba₁₋ₓSrₓTiO₃ 薄膜的 Sol-Gel 制备技术与微结构 [J]. 人工晶体学报, 2006, 35(5): 931 - 935.

[18] 彭焕英, 殷明志, 蒋迪波. LaNiO₃ 导电氧化物薄膜的制备及应用研究[J]. 材料导报 A, 2012, 26(1): 28 - 34.

[19] 王新昌, 田四方, 贾建峰, 等. SAW 器件用金刚石基 c 轴取向 LiNbO₃ 压电 薄膜的制备[J]. 材料科学与工程学报, 2010, 28(6): 810 - 812, 817.

[20] 刘越峰, 郑海务, 张华荣, 等. SiC /Si 上六方 YMnO₃ 薄膜的制备和铁电性 能[J]. 硅酸盐通报, 2010, 29(4): 967 - 971.

[21] 唐艳艳,高守宝,尚杰,等. 不同衬底上 $Ba_{0.4}Sr_{0.6}TiO_3$ 铁电薄膜的制备及外延生长的研究[J]. 功能材料与器件学报,2011,17(6):569-572.

[22] 孙连婕,陈希明,杨保和,等. 六方氮化硼薄膜制备及其压电响应的研究[J]. 光电子·激光,2012,23(3):518-522.

[23] 石维,冉耀宗,左江红,等. 高温压电材料的概况及发展趋势[J]. 铜仁学院学报,2011,13(5):140-143.

[24] 尹伊,傅兴海,张磊,等. 择优取向 MgO 缓冲层上制备的硅基 $Ba_{0.7}Sr_{0.03}TiO_3$ 薄膜的结构和性能研究[J]. 物理学报,2009,58(7):5013-5021.

[25] 陆雷,肖定全,田建华,等. 无铅压电陶瓷薄膜的制备及应用研究,功能材料,2009,40(5):705-708.

[26] 尚杰,张辉,唐艳艳,等. 新型脉冲激光能量计用无铅 $(Na_{1-x}K_x)_{0.5}Bi_{0.5}TiO_3$ 铁电薄膜的制备及其激光感生热电电压信号的研究[J]. 功能材料与器件学报,2011,17(3):248-252.

[27] 符春林,潘复生,蔡苇,等. 金属有机化学气相沉积制备铁电薄膜材料研究进展[J]. 真空,2008,45(6):25-28.

[28] 曹洋,朱孔军,裴进浩,等. 铌酸钾钠无铅压电陶瓷薄膜的制备方法研究[J]. 材料导报 A,2011,25(5):33-38,50.

[29] 陆雷,肖定全,赁敦敏,等. 铌酸盐无铅压电薄膜的脉冲激光沉积制备研究[J]. 压电与声光,2009,3(1):94-96,99.

[30] 谈国强,李佳,梁云鹤,等. 前驱物碱浓度对水热法制备碱金属铌酸盐铁电薄膜的影响[J]. 陶瓷,2008,1:10-12.

[31] 杜娴,杜慧玲,黄锦阳,等. 钛酸铋钠基无铅压电材料的溶胶-凝胶自蔓燃制备工艺研究[J]. 人工晶体学报,2011,40(6):1504-1509.

[32] 赵高磊,张海龙,张波萍. 铜颗粒分散铌酸钾钠压电复合材料的制备与性能[J]. 吉林大学学报(工学版),2011,41(5):1300-1304.

[33] 崔永涛,周丽玮,付兴华,等. 铋层状结构无铅压电材料的研究现状与发展趋势[J]. 硅酸盐通报,2011,29(6):1363-1366.

[34] Hindrichsen C G.,Miller R L,Hansen K,et al. Advantages of PZT Thick Film for MEMS Sensors[J]. Sensors and Actuators A:Physical,2010,163:9-14.

[35] Gebhardt S,Seffner L,Schlenkrich F,et al. PZT Thick Films for Sensor and Actuator Applications[J]. Journal of the European Ceramic Society,2007,27:4177-4180.

[36] 姜文博,刘晓林,王星,等. VSSP 法制备 PZT 陶瓷长纤维及其表征[J]. 功能材料,2011,42(1):70-73.

[37] Sahu N, Panigrahi S, Kar M. Structural Investigation and Dielectric Studies on Mn Substituted Pb($Zr_{0.65}$, $Ti_{0.35}$)O_3 Perovskite Ceramics[J]. Ceramics International,2012,38:1549-1556.

[38] Cross J S,Shinozaki K,Yoshioka T,et al. Characterization and Ferroelectricity of Bi and Fe, Co-doped PZT Films[J]. Materials Science and Engineering B,2010,173:18-20.

[39] Tsai C C,Chu S Y,Hong C S,et al. Effects of ZnO on the Dielectric,Conductive and Piezoelectric Properties of Low-temperature Sintered PMnN-PZT Based Hard Piezoelectric Ceramics[J]. Journal of the European Ceramic Society,2011,31:2013-2022.

[40] Zhang T,Wasa K,Kanno I. Ferroelectric Properties of Pb($Mn_{1/3}$, $Nb_{2/3}$)O_3-Pb(Zr, Ti)O_3 Thin Films Epitaxially Grown on (001)MgO Substrates[J]. Journal of Vacuum Science & Technology,A,2008,26(4): 985-990.

[41] Zhang T,Wasa K,Zhang S Y,et al. High Piezoelectricity of Pb(Zr, Ti)O_3-based Ternary Compound Thin Films on Silicon Substrates[J]. Applied Physics Letters, 2009,94:122909.

[42] Wasa K,Kanno I,Suzuki T. Structure and Electromechanical Properties of Quenched PMN-PT Single Crystal Thin Films[J]. Advances in Science and Technology,2006,45:1212-1217.

[43] Du X,Zheng J,Belegundu U,et al. Crystal Orientation Dependence of Piezoelectric Properties of Lead Zirconate Titanate near the Morphotropic Phase Boundary[J]. Applied Physics Letters,1998,72(19):2421-2423.

[44] McKinstry S T,Muralt P. Thin Film Piezoelectrics for MEMS[J]. Journal of Electroceramics,2004,12:7-17.

[45] Ryu J,Choi J J,Hahn B D,et al. Pb(Zr, Ti)O_3- Pb($Mn_{1/3}$, $Nb_{2/3}$)O_3 Piezoelectric Thick Films by Aerosol Deposition[J]. Materials Science and Engineering B,2010,170:67-70.

[46] Tsai C C,Chu S Y,Liang C K. Low-temperature Sintered PMnN-PZT Based Ceramics Using the B-site Oxide Precursor Method for Therapeutic Transducers[J]. Journal of Alloys and Compounds,2009,478:516-522.

[47] 褚祥诚,李龙土,桂治轮.可双向旋转的多组阵列齿驻波环形压电超声波马

达:中国,01144190.

[48]　褚祥诚,陈翔宇,李龙土.采用双晶片驱动的棒板结合式压电驱动器设计[J].光学精密工程,2008,12:2366－2370.

[49]　赵坚强,岳振星,王伟强,等.准同型相界附近 PZT 压电陶瓷电致疲劳性能研究[J].功能材料,2006,12:1929－1931。

[50]　丑修建,翟继卫,姚熹.钛酸钡基铁电材料的介电非线性研究[J].硅酸盐学报,2007,S1:22－29.

[51]　康利平,沈波,姚熹.微波烧结法制备 Bi_2O_3-ZnO-Ta_2O_5 陶瓷[J].压电与声光,2008,3:319－321.

[52]　王德苗,金浩,董树荣.薄膜声体波谐振器(FBAR)的研究进展[J].电子元件与材料,2005,9:65－68.

[53]　董树荣,王德苗.FBAR 用 AlN 薄膜的射频反应溅射制备研究[J].真空科学与技术,2006,2:155－158.

[54]　Shen M,Han J,Cao W. Electric Field Induced Dielectric Anomalies in C-Oriented 0.955Pb($Zn_{1/3}$, $Nb_{2/3}$)O_3-0.045PbTiO_3 Single Crystals[J]. Applied Physics Letters,2003,83(4):731－733.

[55]　孙恩伟,张锐,赵欣,等.弛豫铁电单晶 0.93Pb($Zn_{1/3}Nb_{2/3}$)O_3-0.07PbTiO_3 的电光性能研究[J].光子学报,2009,38(6):1442－1445.

[56]　王宽冒,刘保亭,倪志宏,等.$SrRuO_3$ 导电层对快速退火制备 Pb(Zr,Ti)O_3 薄膜结构和性能的影响[J].人工晶体学报,2010,39(3):608－612.

[57]　张菲,朱俊,罗文博,等.MgO 缓冲层对 PZT/AlGaN/GaN 异质结构电学性能的影响[J].功能材料,2011,42(6):992－995.

[58]　刘亚威.铌锰-锆钛酸铅压电陶瓷材料的研究[D].硕士毕业论文,2009.

[59]　童健,侍敏丽,钱国兴,等.新型弛豫铁电单晶的生长研究[J].材料导报,2004,18(4):94－95.

[60]　徐家跃.新型弛豫铁电单晶$(1-x)$Pb($Zn_{1/3}$, $Nb_{2/3}$)O_3-xPbTiO_3 生长的技术创新[J].硅酸盐学报,2007,35(S1):82－88.

[61]　仲维卓,张学华,罗豪甦,等.晶体中负离子配位多面体结晶方位、形变与晶体压电、铁电性[J].人工晶体学报,2006,35(1):1－5.

[62]　仲维卓,罗豪甦,华素坤.若干晶体中氧八面体结晶方位与晶体形貌[J].无机材料学报,1995,10(3):272－275.

第三章 三元系 PMnN - PZT 铁电薄膜的研究

3.1 铁电材料发展简介

早在 19 世纪,人们就发现某些物质具有与温度有关的自发电偶极距,因为它们被加热时具有吸引其他轻小物体的能力。1824 年,Brewster 观察到许多矿石具有热释电性。1880 年,约·居里和皮·居里发现当对样品施加应力时出现电极化的现象。但是,早期发现的热释电体没有一个是铁电体。在未经处理的铁电单晶中,电畴的极化方向是杂乱的,晶体的净极化为零,热释电响应和压电响应也十分微弱,这就是铁电体很晚才被发现的主要原因。直到 1920 年,法国人 Valasek 发现了罗息盐(酒石酸钾钠,$NaKC_4H_4O_6 \cdot 4H_2O$)特异的介电性能,才揭开了铁电体的历史。

铁电发展史上的重要事件年代顺序如表 3.1 所示。

表 3.1 铁电发展史上的重要事件

年代	事件	年代	事件
1824 年	在罗息盐中发现热释电性	1955 年	报道 $BaTiO_3$ 具有 PTC 效应
1880 年	在罗息盐、石英及其他矿石中发现压电性	1955 年	报道碱式铌酸盐是铁电体
1912 年	首次提出铁电性	1961 年	提出铁电材料的晶格动力学理论、软模理论
·1921 年	发现罗息盐具有铁电性	1961 年	报道 PMN 是弛豫铁电体
1935 年	发现 KH_2PO_4 具有铁电性	1964 年	研制出铁电半导体器件
1941 年	研制出 $BaTiO_3$ 高 K 电容器	1967 年	报道热压制备的铁电陶瓷的光学和电光性能
1944 年	发现 ABO_3 钙钛矿结构的 $BaTiO_3$ 具有铁电性	1969 年	提出"铁电体"和"铁弹性"术语
1945 年	$BaTiO_3$ 用于压电传感器	1971 年	报道 PLZT 的电光性能

续 表

年代	事 件	年代	事 件
1949 年	提出 $BaTiO_3$ 的唯象理论	1977 年	研制出铁电薄膜
1949 年	$LiNbO_3$ 和 $LiTaO_3$ 是铁电体	1980 年	利用 PMN 弛豫铁电体研制出电致伸缩器件
1951 年	提出反铁电体的概念	1981 年	Sol-Gel 技术用于制备铁电薄膜
1952 年	报道 PZT 是铁电体	1983 年	报道 PZT 和 PLZT 具有光致伸缩效应
1953 年	报道 $PbNb_2O_6$ 是铁电体	1993 年	铁电薄膜与硅技术结合
1954 年	PZT 用于压电传感器	1997 年	研制出用于压电传感器的弛豫铁电体单晶材料

铁电材料发展的四个重要阶段。

(1)罗息盐时期——发现铁电性。1919 年,Joseph Valasek 在美国明尼苏达州大学读研究生,师从物理学家 Swan 教授。从事宇宙射线物理理论研究工作而闻名于世的 Swan 教授建议 Valasek 研究罗息盐单晶的物理性能。在接下来的两年里,Valasek 测量了罗息盐的线性介电响应、非线性介电性能、压电性能、热释电现象等宏观性能。1920 年 4 月 23 日,在华盛顿举办的美国物理学会会议上,铁电性概念诞生了。

Valasek 在"Piezoelectric and allied phenomena in R0chelle salt"报告中指出:电位移 D、电场强度 E、电极化强度 P 分别类比于磁学中的 B、H 和 I,罗息盐中 P 与 E 之间存在的回线与磁滞回线类似,他首次给出电荷与电场之间的回线(见图3.1)。

(2)KDP 时期——铁电热力学理论。1931 年,比利时布鲁塞尔大学的物理化学教授 Errera 发表了一篇论文,文中指出罗息盐的介电系数随外加电场频率的变化呈典型的反常色散现象。其实 NichOlson 早在 1919 年就发表了关于罗息盐强烈谐振曲线的论文,但 Errera 和瑞士苏黎世的物理学家都不知道。他们认为特别宽的色散曲线不会是分子共振引起的,并决定重复 Errera 的实验。对这一问题的研究就交给了 Scherrer 的学生 Busch,该生将此问题作为其博士学位论文进行了研究。关于 KH_2PO_4 介电系数—温度关系的第一批实验结果如图 3.2 所示。

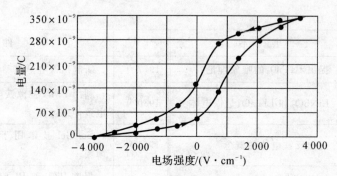

图 3.1　公开出版的首条电滞回线

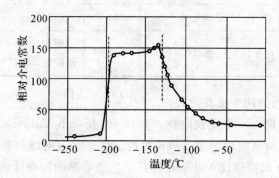

图 3.2　第一条 KH_2PO_4 介电系数—温度关系曲线

在理论研究方面，Müller 首先将热力学理论应用于铁电体。Ginsburg 将朗道（Landau）相变理论应用于 KH_2PO_4 型铁电体，并迈出了将这一理论应用于更一般情况的第一步。德文希尔（Devonshire）对其进行完善，发展为今天仍行之有效的朗道-德文希尔理论。

（3）钙钛矿时期——铁电软模理论。$BaTiO_3$ 铁电性的发现主要源于战争期间对电子元器件（尤其是电容器）的研究。众所周知，金红石具有高介电系数（$\varepsilon \approx 100$），当时有几个实验室试图将 TiO_2 与其他氧化物（特别是碱土金属氧化物）共烧制备高介电系数陶瓷，有 4 个国家独立地发现了 $BaTiO_3$ 的铁电性。

1）美国 1941 年报道了通过烧结 TiO_2 和 BaO 制备的陶瓷具有高介电系数，经测试介电系数高达 1100。

2）英国 1942 年就发现了碱土金属钛酸盐具有高介电系数。由于战争时期保密限制使得发表时间推迟至 1945 年，而且在最初的出版物中并没有提及铁电性。

3）俄国报道了 $BaTiO_3$ 的反常介电行为。虽然研究者意识到这是铁电现象，但是他们最初猜测反常行为是由高介电介质中的介电击穿引起的。不过，他们很快明白发现了一种新的铁电体，并找出了居里-外斯定律，测定了电滞回线。

4）日本也发现了 $BaTiO_3$ 的反常介电行为。日本从战前到二战期间一直进行着罗息盐的研究。

截至 1970 年，关于铁电相变晶格动力学的主要思想已经阐明。

（4）铁电薄膜及器件时期——小型化。虽然二战时 $BaTiO_3$ 就已经用于器件中，且随后铁电材料被广泛应用于生产多种器件，但是 20 世纪 90 年代以前并没有器件真正用于铁电材料的铁电性，而是利用铁电材料的其他性质，主要是压电性和热释电性[1]。

20 世纪 80 年代中期，薄膜制备技术取得了突破性进展，基本扫清了制备高质量铁电薄膜的技术障碍。由于铁电薄膜具有介电性、压电性、热释电性、铁电性以及电光效应、声光效应、光折变效应和非线性光学效应等重要特性，人们单独利用其中某一性质或综合利用多种特性研制出了众多的铁电薄膜器件（见表 3.2）。

表 3.2　铁电薄膜的性质与主要器件

性质	主要器件
介电性	电容器、动态随机存取存储器（DRAM）
压电性	声表面波（SAW）器件、微型压电马达、微型压电驱动器
热释电性	热释电探测器及阵列
铁电性	铁电随机存取存储器（FRAM）
电光效应	光调制器、光波导
声光效应	声光偏转器
光折变效应	光调制器、光全息存储器
非线性光学效应	光学倍频器

随着整机和系统向着小型化、轻量化方向发展，微电子、光电子、微电子机械等对铁电材料提出了小型化、薄膜化、集成化等要求。在此背景下，铁电材料与工艺和传统的半导体材料与工艺相结合，而形成了一门新兴的交叉学科——集成铁电学（Intergrated ferroelectrics）。同时，铁电材料及器件的研究发生了两个重要的转变：一是由单晶器件向薄膜器件发展；二是由分立器件向集成化器件发展[1]。

目前，铁电材料及器件的研究还面临着诸多问题。例如，薄膜化引起的界面问题,小型化带来的尺寸效应和加工、表征问题,集成化导致的兼容性问题,等等。同时,与铁电材料及器件相关的新原理、新方法、新效应、新应用还有待深入研究和开发。

3.2 三元系 PMnN - PZT 铁电材料特性

3.2.1 三元系 PZT 基铁电薄膜

随着压电器件(例如微型压电薄膜变压器)、声学器件(例如 FBAR 和声表面波器件)、MEMS 和铁电器件等的应用与发展,对铁电薄膜材料的要求也越来越高,其中首先要求薄膜具有强压电性、铁电性和高机电耦合系数;其次要求薄膜具有高机械品质因数、适当的介电系数和较低的介电损耗等。其中,作为广泛应用于压电应用的 ZnO 和 AlN 薄膜,虽然具有稳定的压电性能、较高的机械品质因数和较成熟的制备技术,但其压电性和机电耦合特性则难以满足器件发展的低功耗和高精度等要求。因此,具有高压电性和高机械品质因数的三元系 PZT 基铁电薄膜成为压电薄膜材料领域的研究热点。

3.2.2 PZT 基铁电薄膜研究现状

1954 年,B. 贾菲报道了 PZT 二元系压电陶瓷,发现改变 PZT 的 Zr/Ti 比例可以有效地调整 PZT 的压电性、铁电性、介电性和居里温度等,并发现该二元系压电陶瓷在其准同型相变边界组成处具有优异的压电性和铁电性,其机电耦合系数、居里温度以及性能的成分可控性远远优于钛酸钡($BaTiO_3$)压电陶瓷。二元系高压电、铁电性 PZT 的发现,使得 PZT 基压电陶瓷的研究与应用空前高涨。在 20 世纪 80 年代,随着高频、微型器件发展的要求,PZT 基铁电薄膜的研究也进入了火热阶段。

对于 PZT 基铁电薄膜的研究主要着重于薄膜的沉积方法和技术,以及如何提高薄膜的机电耦合系数和铁电特性,改善其介电性或提高其机械品质因数,其中主要包括以下几个研究方向。

(1)制备工艺的调整:通过改变薄膜的沉积方法和制备条件以及后期热处理技术,控制和改善薄膜的晶体结构来制备良好质量的 PZT 基薄膜,从而获取高压电性、铁电性或其他性能。

(2)PZT 成分调整:通过改变二元系 PZT 构成中的 Zr 和 Ti 的比例来调整 PZT 基铁电薄膜的铁电性、压电性、介电性或机械品质因数等性能。

（3）掺杂改性：随着对 PZT 基铁电薄膜研究的日益深入，通过向二元系 PZT 中掺杂一种或多种化学元素以使得薄膜晶格畸变、改变载流电荷密度以及改变薄膜致密度等性质，通过掺杂改性从而获取具有优异的铁电性、压电性、热电性和高机械品质因数的 PZT 基铁电薄膜。

掺杂改性是近期 PZT 基铁电薄膜的研究热点，它主要分为等价离子掺杂和不等价离子掺杂。等价离子掺杂是利用等价离子，例如 Ba^{2+}、Sr^{2+}、Ca^{2+}、Mg^{2+}、Sn^{4+} 等替换 Pb^{2+}、Zr^{4+} 或 Ti^{4+}，置换后固溶体的相结构不发生变化。等价离子掺杂在一定程度上改善 PZT 薄膜的压电系数和机电耦合系数，也可能造成居里温度下降或介电系数增大。不等价离子掺杂又分为施主掺杂、受主掺杂和变价掺杂，其中施主掺杂为高价离子掺杂，例如 Bi^{3+} 和 Nb^{5+} 分别替代 Pb^{2+}、Zr^{4+} 或 Ti^{4+}，高价正离子使得薄膜内的正载流子增加，从而引起机电耦合系数增大、弹性顺度增大、介电系数和介电损耗增大，这类添加材料又称为软性添加材料；受主掺杂则是低价离子掺杂，例如 K^{1+}、Sc^{1+}、Fe^{3+} 等替代 Pb^{2+}、Zr^{4+} 或 Ti^{4+}，低价正离子使得薄膜内氧空穴增加，从而使得机械品质因数增大、电阻率降低、介电系数和介电损耗减小，这类添加材料又称为硬性添加材料；变价掺杂使 Cr 和 Mn 等离子一方面呈现高价在 A 位表现施主行为，另一方面又能起到产生氧空位的受主行为，最终两种行为达到平衡。变价掺杂使得介电系数减小，机械品质因数增大和温度稳定性提高，同时也会导致介电损耗和老化率增大。

由 PZT 基薄膜的研究现状可知，掺杂改性是 PZT 基薄膜的主要研究方向，因而如何通过掺杂改性来制备既具有高机电耦合系数又具有高机械品质因数及良好的铁电性和介电性的 PZT 基薄膜成为研究热点。本小节正是从该点出发研究三元系 PMnN‑PZT 薄膜，该薄膜由含有两种不同掺杂特性元素（Nb 和 Mn）的 $Pb(Mg_{1/3}, Nb_{2/3})O_3$（PMnN）按一定比例掺杂 PZT 而得，以期获得软硬综合性能兼优的 PZT 基铁电薄膜。

3.2.3　三元系 PMnN‑PZT 铁电材料特性

PMnN、PZ 和 PT 在不同混合比例时的材料的晶体结构、机电耦合系数和机械品质因数分别如图 3.3(a)、(b) 和 (c) 所示，由图可知混合适当比例的 $Pb(Mn_{1/3}, Nb_{2/3})O_3$（PMnN）的 PZT（PZ＋PT）陶瓷，可同时具有高机电耦合系数和高机械品质因数，并且控制其成分组成接近准同型相变边界（Morphotropic Phase Boundary, MPB），处于该相变边界的铁电材料具有出色的铁电、压电等特性。这里以该类体材料特性为依据，旨在制备出可应用于压电器件、声学器件和 MEMS 的具有高压电性、铁电性，同时具有高机械品质因数的薄膜。

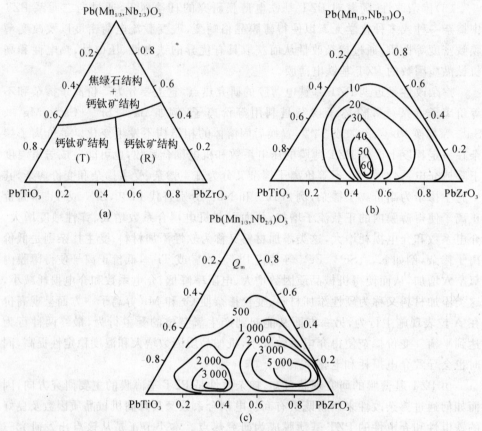

图 3.3 PMnN,PZ 和 PT 在不同混合比例时的材料特性

(a)相图;(b)机电耦合系数分布图;(c)机械品质因数分布图

3.3 三元系 PMnN – PZT 铁电薄膜制备与性能表征

3.3.1 单晶 MgO 基底高压电 PMnN – PZT 铁电薄膜制备与表征

声学器件[2-6]、压电器件尤其是微机电系统[7-11]应用的迅猛发展,对压电薄膜的性能要求日益提高。在实际器件制作中,ZnO 和 AlN 压电薄膜已经广泛应用于谐振器、致动器、滤波器和传感器等 MEMS 领域[2-4,6,8-11]。尤其是 AlN 薄膜,以其独有的高声速特性以及稳定性而逐渐发挥重要作用[2,6,11]。然而,ZnO 和 AlN 的

压电性比较小,这成为它们进一步应用于高性能器件无法克服的障碍。因此,具有高压电性的薄膜的制备成为未来机电器件和机电系统发展必须解决的一个瓶颈问题[12-13]。

除了 ZnO 和 AlN 这两种常用压电材料外,锆钛酸铅[$Pb(Zr_x, Ti_{1-x})O_3$,即PZT]是一种性能出色的压电材料,因其具有比 ZnO 和 AlN 更高的压电系数和机电耦合系数,且 ZnO 和 AlN 没有的铁电性,因而 PZT 无可替代地应用于强压电和铁电应用中,例如超声换能器、水听器、超声焊接器和超声医学诊断与治疗设备等[14-23],一系列商用 PZT 的制备和应用技术已趋于成熟。但是,PZT 材料的机械品质因数比较小,尤其是 PZT 薄膜,已报道的机械品质因数低则几十,高也只有几百,使得其谐振带宽过宽,机械损耗大,而直接限制了它的应用[12, 24],尤其是在谐振器和传感器等方面的应用。因此,如何通过混合或掺杂对 PZT 改性以获得高压电性、高机电耦合系数和高机械品质因数的 PZT 基压电薄膜,成为压电薄膜领域的研究热点[25-31]。

本节利用磁控溅射方法在单晶 MgO(100)异质结构基底上沉积 6％摩尔$Pb(Mn_{1/3}, Nb_{2/3})O_3$(PMnN)配比的三元系 PMnN-PZ-PT(PMnN-PZT)薄膜,并对膜的生长取向、形貌、压电性、铁电性和介电性做了研究,以期获得综合性能良好的压电薄膜。

1. 三元系 PMnN-PZT 铁电材料

$Pb(Mn_{1/3}, Nb_{2/3})O_3$,$PbZrO_3$ 和 $PbTiO_3$ 三元复合体材料特性如图 3.4 所示,图 3.4(a),(b)和(c)分别表示该三元系体材料在不同配比时的晶相、机电耦合系数和机械品质因数[30]。

由图 3.4 可知,不同配比的 PMnN-PZT 压电陶瓷材料的晶体结构、机电耦合系数和机械品质因数会随配比不同而明显变化,要获取出色的铁电性能,需使组成成分在准同型相变边界附近,同时选取合适的配比以有效地提高材料的机电耦合系数和机械品质因数。

为获得较高压电性和高机械品质因数,我们选取了 6％摩尔添加比的 PMnN,42.3％摩尔混合比的 PZ 和 51.7％摩尔混合比的 PT 混合比例,研制三元系薄膜0.06PMnN-0.94PZT(45/55),为简便起见,该薄膜简称为 PMnN-PZT(45/55)。该薄膜组成比例对应图 3.4 中的位置"a",为了对膜的性能进行对比,同时制备出了非掺杂的二元系 PZT(52/48)薄膜,其成分比例对应图 3.4 中的位置"b"。由图3.4 可知,0.06PMnN-0.94PZT(45/55)组分临近四方晶相(Tetragonal,"T")和三角晶相(Rhombohedral,"R")的边界,它的机电耦合系数预期值大约为 40％～50％,机械品质因数预期值约为 3 000;而 PZT(52/48)的机电耦合系数预期值约为 30%～40%,而机械品质因数的预期值约为 1 000。由预期值可看出,PMnN – PZT(45/55)三元系薄膜的机电耦合系数比 PZT(52/48)薄膜大,但其机械品质因数的预期值将近为 PZT(53/48)的 3 倍,这将明显改善 PZT 薄膜的压电性和机械品质。

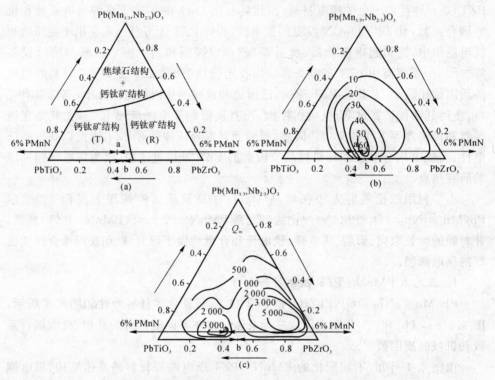

图 3.4　不同配比的 PMnN – PZ – PT 体陶瓷特性

(a)晶相；　(b)机电耦合系数；　(c)机械品质因数

2．0.06PMnN – 0.94PZT(45/55) 单晶薄膜的制备

(1)射频磁控溅射系统。笔者利用射频磁控溅射方法制备铁电薄膜,所用磁控溅射系统为中国科学院科学仪器中心设计的 JGP450B 型多靶磁控溅射设备,溅射系统如图 3.5 所示。

(2)三元系 PMnN – PZT 铁电薄膜的制备。溅射靶材采用 0.06PMnN – 0.94PZT(45/55)组成比例的粉末靶,且添加 10%摩尔比例的过量 PbO 以弥补在溅射过程中的失铅现象。基底采用 SRO(110)/ Pt(002)/ MgO(001)的异质层结构,氧化镁(MgO)基底厚度为 300 μm。溅射气体采用 Ar 和 O$_2$ 的混合气体,混合比例为 20∶1,溅射气压为 1Pa,溅射功率为 80W,衬底温度为 600℃,每次溅射结束后都进行淬火处理,温度下降速率为 100℃/min,溅射条件详见表 3.3。

图 3.5　JGP450B 型多靶磁控溅射系统

表 3.3　溅射条件

靶材成分	PMnN＋PZ＋PT, PZ＋PT
基底	SRO/Pt/MgO(001)
溅射气体	Ar∶O$_2$＝20∶1
基底温度	600 ℃
溅射气压	1 Pa
溅射功率	80 W
生长速率	3～4 nm/min
膜厚	1～3 μm
热处理	淬火

对于厚膜,采取分段沉积,每次沉积厚度约为 1 μm,并进行淬火处理,多次淬火处理有利于晶体单晶取向。

利用面外 2θ-X 射线衍射(XRD)分析压电薄膜的晶体结构和计算晶格常数,并利用面内 φ-XRD 来分析薄膜生长取向和结构,利用扫描电子显微镜(SEM)进行膜表面的形貌分析,利用 Sawyer-Tower 电路来测量薄膜的铁电性,利用悬臂梁的方法测量薄膜横向压电系数,利用 LCR 数字电桥测量膜的介电系数。

3. 0.06PMnN-0.94PZT(45/55) 单晶薄膜的测量与表征

(1) 薄膜的晶体结构。图 3.6 所示是 PMnN-PZT(45/55)薄膜的 2θ-XRD 谱线。由图 3.6 可看出,PMnN-PZT(45/55)膜呈现很强的(001)取向,(001)峰的强度甚至大于基底 MgO 的(001)峰和底电极 Pt(002)峰的强度。除了(001)峰外还能够观察到 PMnN-PZT 的(101)峰,可是其峰值不到(001)峰值的 0.5%,因而可以认为 PMnN-PZT(45/55) 薄膜是 c 轴高度取向单晶薄膜。PMnN-PZT(45/55)薄膜与 PZT(52/48)薄膜的衍射峰位置和分布非常相似,这说明 6% 添加的 PMnN 与 PZT 的掺杂充分,未有其他杂相明显出现,薄膜呈现钙钛矿结构。

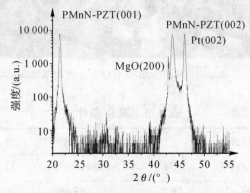

图 3.6 PMnN-PZT 2θ-XRD 谱线

为了进一步确定薄膜的晶体结构,测量了膜面内(103)方向的 XRD 衍射分布,其衍射谱线如图 3.7 所示。由图 3.7 可看出,衍射峰呈 90°周期分布,结果表明,PMnN-PZT 薄膜为单晶薄膜,且呈现四方晶构。

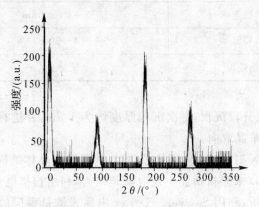

图 3.7 PMnN-PZT φ-XRD 谱线

同时,利用扫描电子显微镜(SEM)观察了 PMnN-PZT(45/55)薄膜的表面和剖面结构,图 3.8(a)和(b)分别为 PMnN-PZT(45/55)表面 SEM 图和剖面 SEM图。由薄膜的表面电镜图可以看出,膜表面平整度好,由图 3.8(b)可以看出,压电薄膜厚度均匀,致密性也很好,在薄膜与电极之间未见明显的扩散层出现,并且未见柱状的多晶结构出现。

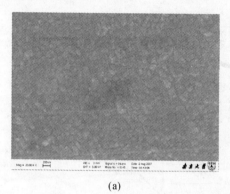
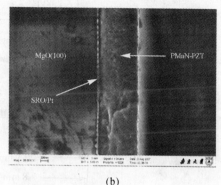

(a)　　　　　　　　　　　　　　(b)

图 3.8　PMnN-PZT 的 SEM 图

(a)表面;(b)剖面

(2) 薄膜介电性和铁电性。利用 LCR 数字电桥测量了薄膜的介电系数和介电耗散因子,在频率为 1kHz 测得膜厚为 $1\mu m$ 的 PMnN-PZT(45/55)薄膜的相对介电系数为 260,介电耗散因子为 1%,该介电系数远小于相应 PZT(45/55)体材料的介电系数(约为 540~600),也远小于硅基底上制备的相近组分多晶薄膜的介电系数。

利用 Sawyer Tower 电路测量了 PMnN-PZT(45/55)薄膜的铁电性,测量电路和实际测量系统如第二章中图 2.11 和图 2.12 所示。

测量频率为 1 kHz,得到的 PMnN-PZT(45/55)膜极化电滞曲线($P-E$),如图 3.9 所示。图 3.9 中的 $P-E$ 曲线可呈现典型的方形的滞后规律,其饱和极化电压 $P_s=60\mu C/cm^2$,其极化矫顽场为 $2E_c=230kV/cm$,近似方形的 $P-E$ 曲线和高饱和极化强度说明该 PMnN-PZT 薄膜为单畴或单晶的硬响应铁电薄膜,其铁电特性也优于硅基底上相近组分多晶薄膜的铁电性能。

(3) 薄膜压电系数表征。利用悬臂梁的方法测量薄膜的横向压电应力系数 $^*e_{31}$,悬臂梁的层状结构为 Pt/PMnN-PZT/Pt/SRO/MgO,其中氧化镁基底的厚度为 0.3mm,Pt 和 SRO 层的厚度约为 50nm,PMnN-PZT 膜的厚度为 $2\mu m$,总梁长为 11mm,有效振动长度为 9mm,顶电极覆盖面的长度为 8mm,梁的宽度为

1.8mm,梁的详细参数如图 3.10 所示。

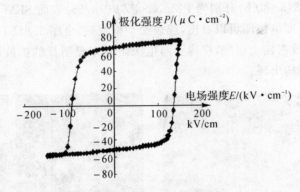

图 3.9　铁电 P-E 曲线

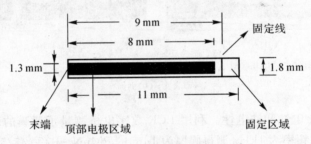

图 3.10　PMnN-PZT 悬臂梁尺寸

当悬臂梁基底厚度远大于沉积的膜厚,并且梁在远离其谐振频率的低频区域振动时,压电薄膜的横向压电系数可由下式计算

$$^* e_{31} = \frac{d_{31}}{s_{11}^E} \approx -\frac{(h^s)^2}{3s_{11}^1 L^2 V}\delta \tag{3.1}$$

悬臂梁末端处振动位移利用高精度激光测振仪测得该悬臂梁谐振频率为 3kHz,取测量频率为 500Hz,该测量频率远离梁的谐振频率,满足悬臂梁测量横向压电系数的条件。改变激励电压,测得梁末端振动位移随激励电压的变化曲线如图 3.11 所示。

图 3.11 中空心五角星代表电压升序测量的数值,实心矩形代表电压降序测量的数值,点线是两曲线的线性渐近线。由升序和降序曲线可以看出,两条曲线十分相似,并与线性渐近线吻合得很好,这说明悬臂梁的振动位移与激励电压呈线性正比关系,这又一次证明了压电薄膜的单畴/单晶特性。

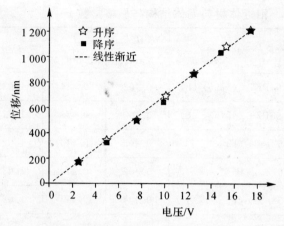

图 3.11 悬臂梁的振动位移频响曲线

取激励电压为 10 V 时，悬臂梁的末端振动位移 $\delta=688$ nm，并将以下数值代入公式(3.1)：$h^s=0.3$ mm，$L=9$ mm，$s_{11}^s=4.03\times10^{-12}$ m²/N，$V=10$ V，$\delta=688$ nm，则可计算得到 PMnN - PZT(45/55)薄膜的横向压电系数* $e_{31}=-6.3$ C/m²。

4. 讨论

(1) 膜的结构与晶相。由面内(103)方向的 φ - XRD 谱线可知，在 SRO/Pt/MgO 异质结构衬底上定向生长的 PMnN - PZT(45/55)薄膜的晶格结构为四方结构。通过面外 2θ - XRD 谱线的(004)峰的衍射角度和布拉格衍射方程

$$2d_c\sin\theta=k\lambda \tag{3.2}$$

可计算出该薄膜的 c 晶格常数 d_c。

已知面内(103)方向的衍射角，则可利用公式(3.2)计算出(103)面的面间距 d_{103}，代入下式：

$$\frac{1}{d_{hkl}^2}=\frac{h^2+k^2}{d_a}+\frac{l^2}{d_c} \tag{3.3}$$

可计算出 a 轴晶格常数 d_a，电极薄膜、压电薄膜及相关体材料的晶体结构及晶格常数，如表3.4所示，其中 PMnN - PZT(45/55)薄膜厚度为 1μm，标注字符"F"表示为薄膜，标注字符"B"表示为体材料，标注字符"* 1"的数据来源于 No.50 - 0346 ICDD 卡，该数据由苏州大学测试与分析中心发布。

表 3.4　PMnN‑PZT(45/55)薄膜、缓冲层、基底以及相应或

相近体材料晶体结构与晶格常数

组分(F or B)	$\dfrac{d_a}{nm}$	$\dfrac{d_c}{nm}$	d_c/d_a	晶体结构
0.06PMnN‑0.94PZT (45/55) (F)	0.402	0.414	1.030	Tetra.
0.05PMnN‑0.95PZT (45/55) (B)	0.402	0.413	1.027	Tetra.
PZT (52/48) (F)	0.405	0.414	1.022	Tetra.
PZT (46/54) (B)[*1]	0.402	0.414	1.030	Tetra.
PZT (52/48) (B)	0.404	0.415	1.027	Tetra.
Buffer layer				
Pt (F)	—	0.390	—	—
Pt (B)	0.392	—	—	Cubic
SRO (F)	—	0.390	—	—
SRO (B)	0.392	—	—	Cubic
Substrate				
MgO		0.421	—	Cubic

由表 3.4 列出的晶格常数可知，PMnN‑PZT(45/55)薄膜的晶格常数和 d_c/d_a 比率与相近成分的三元系 0.05PMnN‑0.95PZT (45/55)体材料和相近成分的二元系 PZT 体材料的晶格常数和 d_c/d_a 比率非常相似，薄膜晶格常数与体材料的晶格常数相近说明膜内残余应力很小，或者可以忽略，而良好的应力自由现象主要归功于 PMnN‑PZT(45/55)薄膜与 MgO 基底之间良好的晶格匹配。

（2）薄膜横向压电系数修正。为了避免悬臂梁上、下电极短路，也为了夹持方便，悬臂梁上电极的面积总要小于其底电极面积，综合对多个相似尺寸、不同顶电极覆盖面积的悬臂梁的振动总结，上电极面积与有效振动区域面积比率对末端位移的影响曲线如图 3.12 所示，该曲线可用于与前文所述相近尺寸的悬臂梁横向压电系数的修正。

由图 3.12 可知,PMnN-PZT 悬臂梁的上电极与有效振动区域的面积比率为 64%,利用图 3.12 所示的修正曲线修正其振动位移,并修正其横向压电系数,得到修正后的横向压电应力系数$^*e_{31}$为$-7.7\ \mathrm{C/m^2}$。

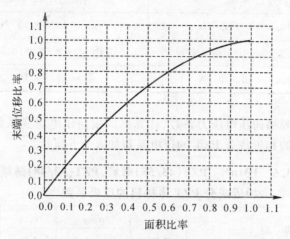

图 3.12 不同顶电极覆盖面积的悬臂梁修正曲线

悬臂梁方法测量横向压电系数利用的是逆压电效应,其简化推导过程如下:其中 s_{11}^E 表示基底的弹性顺度。该方法忽略了压电薄膜纵向压电系数的影响[24]。公式(3.4)为考虑纵向压电效应影响时,横向压电系数的计算公式。对比公式(3.1)和公式(3.4)可知,忽略了纵向压电系数 e_{33} 的影响,使得利用悬臂梁方法测得的横向压电系数测量值 $^*e_{31}$ 要小于压电薄膜实际的横向压电系数 $e_{31,f}$。由公式(3.4)可得三元系压电薄膜和二元系压电薄膜修正后的横向压电应力系数分别为$-11.2\ \mathrm{C/m^2}$和$-7.5\ \mathrm{C/m^2}$。

$$e_{31,f} = \frac{d_{31}}{s_{11}^E + s_{12}^E} = \frac{{}^*e_{31}s_{11}^E}{s_{11}^E + s_{12}^E} \tag{3.4}$$

除了测量、计算并修正了三元系 0.06PMnN-0.94PZT(45/55) 薄膜的横向压电应力系数外,我们还利用表 3.5 中给出的弹性顺度值和近似计算公式

$$e_{31,f}^{*1} = d_{31,f}^{*1}/s_{11}^E \tag{3.5}$$

$$e_{33,f}^{*2} = d_{33,f}^{*2}/s_{33}^E \tag{3.6}$$

计算了该三元系薄膜的横向压电应变系数 $d_{31,f}$、纵向压电应力系数 $e_{33,f}$ 和纵向压电应变系数 $d_{33,f}$。

表 3.5　计算用公式与弹性顺度值

0.06PMnN - 0.94PZT(45/55)	PZT
$d_{33,f} = 2.56\,d_{31,f}$	$d_{33,f} = 2.39\,d_{31,f}$
$s_{11}^{E} = 10.8 \times 10^{-12}\,\mathrm{m^2/N}$	$s_{11}^{E} = 13.8 \times 10^{-12}\,\mathrm{m^2/N}$
$s_{12}^{E} = -3.35 \times 10^{-12}\,\mathrm{m^2/N}$	$s_{12}^{E} = -4.07 \times 10^{-12}\,\mathrm{m^2/N}$
$s_{33}^{E} = 10.9 \times 10^{-12}\,\mathrm{m^2/N}$	$s_{33}^{E} = 17.1 \times 10^{-12}\,\mathrm{m^2/N}$

修正后的薄膜横向压电应力系数、计算出的横向压电应变系数和纵向压电应变系数与已公布的相近成分 PZT 的压电系数如表 3.6 所示。

表 3.6　PMnN - PZT(45/55)薄膜、PZT(52/48)薄膜和相近成分 PZT 体材料的压电系数

薄　膜	$e_{31,f}$ $\mathrm{C \cdot m^{-2}}$	$d_{31,f}$ $10^{-12}\mathrm{C \cdot N^{-1}}$	$e_{33,f}$ $\mathrm{C \cdot m^{-2}}$	$d_{33,f}$ $10^{-12}\mathrm{C \cdot N^{-1}}$
0.06PMnN - 0.94PZT(45/55)	-11.2	-121	28.4	310
PZT near MPB *	-7.5	-103	14.5	248
PZT(52/48)(B), near MPB * *	—	-93.5	—	223
PZT(54/46)(B), near MPB * *	—	-60.2		152

尽管修正过的压电应力系数和采用相近体材料的参数计算出的三项压电系数只能作为估算值评价,但由表 3.5 可知,0.06PMnN - 0.94PZT(45/55)压电薄膜具有比文献[32]报道的 PZT 薄膜和文献[33]报道的 PZT(54/46)体材料更高的横向压电系数,其压电性能可与 PZT(52/48)体材料相媲美,这些数值足以说明该PMnN - PZT 薄膜具有优良的压电性。

5. 结论

本章在 MgO 基底上利用磁控溅射方法制备出了单晶 0.06PMnN - 0.94PZT(45/55)三元系铁电薄膜,并使用新型的快速淬火技术提高薄膜的晶体取向。

晶格面内和面外 XRD 结果显示该薄膜为 c 轴取向生长的单晶钙钛矿薄膜,薄膜为四方晶格。由计算出的晶格常数可知,该 PMnN - PZT(45/55)薄膜具有与相近成分体材料几乎相同的晶格常数,这说明薄膜内几乎不存在残余应力。SEM 结果表明,薄膜的表面平整,结构的致密度很好,无柱状结构出现同时也说明了薄膜为单晶结构。

利用 LCR 数字电桥测量得该薄膜的相对介电系数和介电耗散因数分别为 260 和 0.01，利用 Sawyer Tower 电路测量出该薄膜具有典型的硬响应 $P-E$ 曲线，其饱和极化强度高达 60 $\mu C/cm^2$，其极化矫顽场为 $2E_c=230$ kV/cm，该结果进一步证明了 PMnN-PZT(45/55) 薄膜的单畴/单晶特性。

利用悬臂梁方法测量出 PMnN-PZT(45/55) 薄膜的横向压电应力系数 $e_{31,f}$ 为 -6.3 C/m^2，总结了相似尺寸悬臂梁不同顶电极覆盖面积对末端振动位移的影响，并给出了修正曲线，根据该修正曲线对 $^*e_{31}$ 测量值进行修正，得到修正后的 $^*e_{31}$ 的值为 -7.7 C/m^2；讨论了悬臂梁法测量横向压电系数忽略纵向压电效应导致测量值低于真实值的问题，并利用精确公式对横向压电应力系数进行修正，修正后的横向压电应力系数 $e_{31,f}=-11.2$ C/m^2。同时利用相近的体材料参数计算了该薄膜其他几项压电参数，并将其与已报道的 PZT(52/48) 膜和体材料压电性能相比较，结果表明，PMnN-PZT(45/55) 的压电性能明显优于报道的 PZT(52/48) 膜值，使得其具有如此高的压电性的原因是该薄膜的单晶结构和良好的介电性能。

低介电性和低介电损耗，强铁电性和高压电响应以及潜在的高机械品质因数，使得 PMnN-PZT(45/55) 薄膜有望用于声学器件、压电器件以及 MEMS 应用中，例如薄膜体声波谐振器(FBAR)、致动器和传感器等。

3.3.2　单晶硅基底高压电 PMnN-PZT 铁电薄膜制备与表征

由上节知，6%摩尔的 PMnN 添加比例能在保证较低的介电系数和介电损耗、较高的居里温度的前提下有效地提高 PZT 基薄膜的压电性、铁电性以及潜在的高机械品质因数[34,35]，并考虑到 PMnN 添加会导致 PZT 的薄膜结构向富 Zr 方向偏移，因而在本章中我们采用 6%摩尔比例 PMnN 添加的 PZT(50/50) 多晶铁电薄膜 0.06PMnN-0.94PZT(50/50) 进行研究，使得该三元系铁电薄膜更接近准同型相变边界(MPB)以获取优异的铁电和压电性能。基底仍然采用 3.3.1 小节中的异质结构硅基底，并在相同条件下制备了二元系非掺杂 PZT(50/50) 薄膜用于比较，薄膜的制备方法与 3.3.1 小节中相同。

1. 三元系 0.06PMnN-0.94PZT(50/50) 薄膜的表征

(1)薄膜生长方向、晶体结构与晶格常数。二元系 PZT(50/50) 薄膜和三元系 0.06PMnN-0.94PZT(50/50) 薄膜的 XRD 谱线分别如图 3.13(a)和(b)所示。由图 3.13 可看出，两种薄膜都为(001)，(101)和(111) 混合生长的多晶薄膜，并且三个晶格方向中，(111)方向为主要生长方向，因而可认为两种薄膜为(111)方向优势生长薄膜。PMnN-PZT(50/50) 薄膜的(001)，(101)和(111)三个方向的衍射角分别为 21.82°,31.08° 和 38.32°,二元系 PZT(50/50)薄膜三个方向的衍射角分别为 21.7°,31.04° 和 38.26°,两者相应的衍射角非常相近,并且三元系薄膜的衍射角略大于二元系 PZT(50/50)薄膜的衍射角,这说明 PMnN-PZT(50/50)为钙钛矿结构,晶体应与 PZT(50/50)同为四方晶格,且三元系 PMnN-PZT(50/50)薄膜的晶格常数应略小于二元系 PZT(50/50)薄膜。

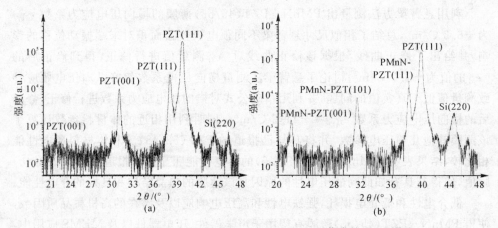

图 3.13　PZT(50/50) 和 PMnN-PZT(50/50)薄膜的 XRD 谱线

设 PMnN-PZT(50/50)薄膜的晶体结构为四方结构,则可利用 XRD 谱线的(001)和(111)衍射峰计算出 PMnN-PZT(50/50)薄膜的晶格常数 d_a 和 d_c,其数值与 PZT(50/50)的数值列于表 3.7 中。

表 3.7　薄膜晶体参数

薄　膜	d_c/nm	d_a/nm	d_c/d_a	晶体结构
PMnN-PZT(50/50)	0.4070	0.4063	1.002	tetragonal
PZT(50/50)	0.4081	0.4066	1.004	tetragonal

由表 3.6 中的数据可以看出,三元系 PMnN-PZT(50/50)薄膜的晶格常数要小于二元系 PZT(50/50)薄膜的晶格常数,且其 d_c/d_a 比率也小于二元系 PZT(50/50),这说明 PMnN-PZT(50/50)比 PZT(50/50)更接近四方晶构与三角晶构之间的准同型相变边界,因而可期望三元系 PMnN-PZT(50/50)薄膜具有更高的压电性和铁电性。

(2)薄膜的压电性。利用悬臂梁的方法测量 PMnN-PZT(50/50)薄膜的压电性[35,36],悬臂梁的参数为:Si 基底厚度为 $h^s=0.2$ mm,梁宽 w 为 2 mm,梁总长为

11.5 mm,振动长度 $L=10$ mm,电极覆盖长度为 9 mm,Si 基底的弹性顺度为 $s_{11}^s=5.85\times10^{-12}$ m²/N,施加 0.25 V 电压,测量悬臂梁的位移频响曲线,其曲线如图3.14所示。由图 3.14 知,该梁的谐振频率约为 2.2 kHz。

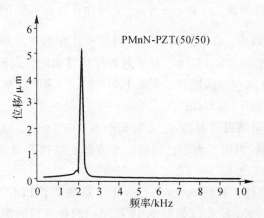

图 3.14　PMnN – PZT(50/50)膜悬臂梁频响曲线

　　悬臂梁末端振动位移测量频率为 500 Hz,由图 3.14 可看出,该测量频率远离梁的谐振频率并接近低频区域,并且在该频率附近,梁的频率响应平缓。在 500 Hz 和 1 kHz 激励频率下,改变不同的激励电压,测量得位移响应曲线如图 3.15所示。

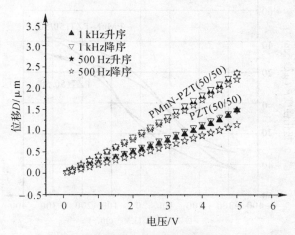

图 3.15　薄膜悬臂梁 V – D 曲线

由图 3.15 可看出，两种频率下升压测量和降压测量的电压响应曲线基本吻合，这说明梁振动位移对激励电压的线性响应很好，在该条件下测量压电系数的可信度高。根据悬臂梁在 500 Hz 下测量的位移响应和悬臂梁的相关参数，利用悬臂梁横向压电系数计算公式 $^* e_{31} \approx -\dfrac{(h^s)^2}{3s_{11}^s L^2 V}\delta$ 可计算得三元系 PMnN – PZT(50/50) 薄膜的横向压电系数为 $^* e_{31} = -10 \text{ C/m}^2$，同理可计算出二元系 PZT(50/50) 薄膜的横向压电系数 $^* e_{31} = -5.1 \text{ C/m}^2$，修正两种压电薄膜的横向压电应力系数，得三元系 PMnN – PZT(50/50) 薄膜和二元系 PZT(50/50) 薄膜的横向压电应力系数分别为 -14.9 C/m^2 和 -7.6 C/m^2。

由压电系数测量结果可看出，三元系 PMnN – PZT(50/50) 薄膜明显大于二元系 PZT(50/50) 薄膜，也明显大于已报道的相近基底结构和薄膜长向的 PZT 薄膜的压电系数[37]。

(3)薄膜的铁电性。利用 Sawyer Tower 电路测量了 PMnN – PZT(50/50) 的铁电性，两种薄膜的 P – E 曲线如图 3.16 所示。两种薄膜的饱和极化强度 P_s，剩余极化强度 P_r，矫顽电场 E_c 的值分别列于表 3.8 中，由图 3.16 和表 3.8 可看出，PMnN – PZT(50/50) 薄膜的铁电性明显优于未添加 PMnN 的 PZT(50/50) 的铁电性，即 6% 摩尔比例添加 PMnN 使得 PZT 薄膜的铁电性明显改善，该结论与 3.3.1 小节中 PMnN 添加对 PZT 的改性规律相符。

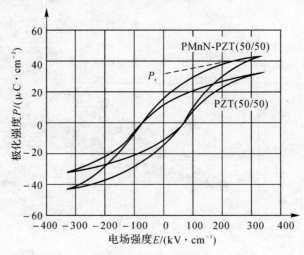

图 3.16　PMnN – PZT(50/50) 和 PZT(50/50) 薄膜的铁电滞回曲线

表 3.8　薄膜的铁电和介电系数

薄　膜	$\dfrac{P_r}{\mu C \cdot cm^{-2}}$	$\dfrac{P_s}{\mu C \cdot cm^{-2}}$	$\dfrac{2E_c}{kV \cdot cm}$	ε_r	$\tan \delta$	$\dfrac{T_c}{K}$
PMnN－PZT(50/50)	17	32	144	834	0.051	691
PZT (50/50)	12	21	137	635	0.038	790

(4)薄膜的介电性。利用 LCR 数字电桥测试 PMnN－PZT(50/50)薄膜的介电系数和介电损耗因子,测量频率为 1 kHz,测量电压为 1 V,测得三元系薄膜和二元系薄膜的相对介电系数分别为 834 和 635,测量得相对介电系数与介电损耗因子随测量频率的变化曲线分别如图 3.17 和图 3.18 所示。由图 3.17 可看出,在测量频率低于 5 kHz 的范围内,薄膜介电系数的测量值随测量频率的增加而明显减小,而当测量频率大于 5 kHz 时,两者的介电系数分别趋近于恒定值。由图 3.18可看出,介电损耗因子的测量同样显示类似的变化规律,在测量频率低于 10 kHz 范围内,介电损耗因子随测量频率的增加而减小,其下降趋势在低于 5 kHz 范围内尤其明显,随着测量频率的增加,介电损耗因子趋于一恒值,PMnN－PZT 薄膜的介电损耗因子大于二元系 PZT(50/50)薄膜。导致介电损耗增大的原因是 PMnN 的添加导致载流离子浓度增大,从而导致介电损耗增大。

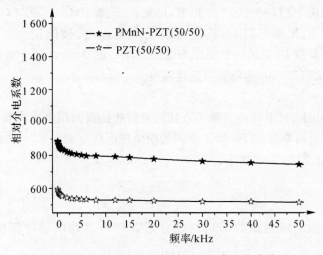

图 3.17　相对介电系数随测量频率变化曲线

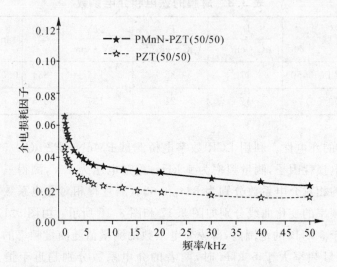

图 3.18　介电损耗因子随测量频率变化曲线

（5）薄膜的居里温度。利用 LCR 数字电桥和加热测温系统测量了三元系 PMnN‐PZT(50/50)薄膜和二元系 PZT(50/50)薄膜的介电系数温度变化曲线。PMnN‐PZT(50/50)薄膜和 PZT(50/50)薄膜的介电系数的温度变化曲线如图 3.19所示。两种薄膜的居里温度列于表 3.8 中，PMnN‐PZT(50/50)薄膜的居里温度约为 691 K，PZT(50/50)为 790 K，可见，三元系 PMnN‐PZT(50/50)薄膜的居里温度低于二元系 PZT(50/50)薄膜的居里温度，该结论与 3.3.1 小节中 PMnN 添加会导致 PZT 的居里温度降低的规律一致，然而两种薄膜的居里温度都大于二元系 PZT(50/50)体陶瓷的居里温度。

2. 讨论

（1）薄膜压电、机电性质。除了直接测量薄膜的横向压电应力系数 $e_{31,f}$ 之外，利用相近的体材料参数[37]，计算了薄膜的横向压电应变系数 $d_{31,f}$ 和横向机电耦合系数 $k_{31,f}$，其计算公式[38] 如下：

$$d_{31,f} = -e_{31,f} \times s_{11}^{E} \tag{3.7}$$

$$k_{31,f} = d_{31,f} / \sqrt{s_{11}^{E} \varepsilon_{33}^{T}} \tag{3.8}$$

计算横向压电应变系数和机电耦合系数用的参数以及计算结果如表 3.9 所示[37]。

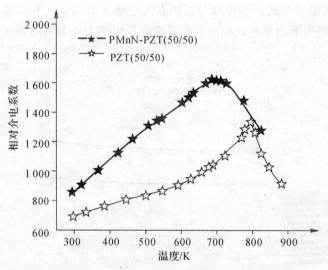

图 3.19　相对介电系数的温度变化曲线

表 3.9　计算压电、机电系数用参数及结果

s_{11}^{E} $10^{-2} m^{2} \cdot N^{-1}$	s_{12}^{E} $10^{-2} m^{2} \cdot N^{-1}$	ε_{33}^{T}	$e_{31,f}$ $C \cdot m^{-2}$	$d_{31,f}$ $10^{-12} C \cdot N^{-1}$	k_{31}
12.4	−4.06	542	−14.9	184	65.3%

由表 3.9 中结果可知,PMnN‑PZT(50/50)薄膜不仅具有高横向压电应力系数,同时也具有高横向压电应变系数和高横向机电耦合系数,其值约为已公布的体材料 PZT(50/50)相应数值和相同条件下制备的非掺杂 PZT(50/50)薄膜的两倍[37],高压电应变系数和高横向机电耦合系数主要得益于出色的横向压电应力系数。

(2)悬臂梁法定征横向压电系数的频率选取。利用压电悬臂梁测量压电薄膜横向压电系数的首要前提是悬臂梁在远离谐振频率的低频区域振动,以确保在交流电压作用下悬臂梁的振动位移与相同直流电压下位移相同或相近,而横向压电应力系数的计算公式只适用于低频。本节中对薄膜悬臂梁的振动位移测量是在 500 Hz 频率下进行的,为确保所用 500 Hz 测量频率处压电薄膜悬臂梁的位移响应满足横向压电应力系数计算公式,我们测量了 5 V 电压下,20 Hz～1 kHz 低频区域薄膜悬臂梁的位移响应,所得结果如图 3.20 所示。由图 3.20 可看出,500 Hz 处薄膜悬臂梁的振动位移响应与 20 Hz 低频处的位移响应几乎相同,这说明

500 Hz处薄膜悬臂梁的振动位移与相同直流电压下的致动位移非常相近,因而在500 Hz激发频率下测量并计算出的薄膜横向压电应力系数具有高可信度。

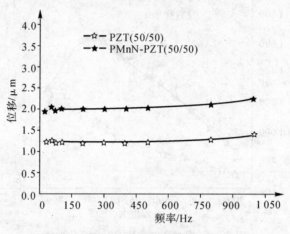

图 3.20　低频区域薄膜悬臂梁的位移频响

（3）薄膜悬臂梁的位移和力灵敏度。除了利用薄膜悬臂梁表征压电薄膜的压电系数外,我们还研究了压电薄膜悬臂梁的位移灵敏度和力灵敏度,其中薄膜硅基悬臂梁弯曲体力的计算公式[39]如下:

$$F = \frac{Ewh^3}{4L^3}\delta \tag{3.9}$$

式中,E 为杨氏模量,w 为悬臂梁宽度,其他定义如前。同时我们计算了与薄膜悬臂梁相同尺寸的 PZT 体陶瓷双层结构串联悬臂梁的位移和力灵敏度,并将之与压电薄膜硅基悬臂梁进行比较。其中,利用下式计算体陶瓷悬臂梁的振动位移[40]:

$$\delta = \frac{3L^2}{2h^2}d_{31}V \tag{3.10}$$

计算用参量除梁厚度、长度和宽度已知外,取硅基底杨氏模量 $E = 170$ GPa,压电陶瓷体材料的横向压电应变系数为 $d_{31} = 70 \times 10^{-12}$ C/N,杨氏模量 $E = 80.6$ GPa[37],计算得悬臂梁的位移和力灵敏度如表 3.10 所示,其中 S_δ,F_b 和 S_b 分别表示悬臂梁的位移灵敏度、弯曲体力和弯曲体力灵敏度。

由表 3.10 可看出,三元系 PMnN－PZT(50/50) 薄膜悬臂梁的灵敏度明显大于二元系 PZT(50/50) 薄膜悬臂梁的灵敏度,且其振动位移、位移灵敏度是体压电陶瓷悬臂梁的两倍,而弯曲体力灵敏度则为体陶瓷悬臂梁的四倍。

表 3.10 悬臂梁结构与灵敏度

压电材料	悬臂梁	$\dfrac{\delta}{\mu m}$	$\dfrac{S_\delta}{\mu m \cdot V^{-1}}$	$\dfrac{F_b}{mN}$	$\dfrac{S_b}{mN \cdot V^{-1}}$
PMnN - PZT(F) *	单层膜 (2μm)/Si(200μm)	2.21	0.44	1.5	0.30
PMnN - PZT(F) * *		5.49	22	3.8	14.9
PZT(F) *		1.15	0.23	0.77	0.15
PZT(F) * *		4.02	16.1	2.7	10.8
PZT(B)	双层压电陶瓷 (总厚度 200μm)	1.32	0.27	0.43	0.09

注:F:薄膜;B:体材料;*:500 Hz 处测量;* *:谐振频率处测量。

悬臂梁器件一般利用其在谐振频率附近的振动,所以我们也测量了薄膜悬臂梁在谐振频率附近(2.2 kHz)的振动位移对电压的响应曲线,所得曲线如图 3.21 所示。

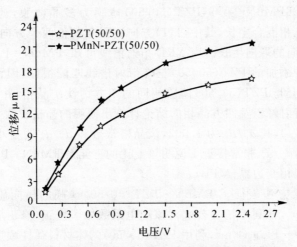

图 3.21 薄膜悬臂梁在谐振频率处的位移响应曲线

由图 3.21 可看出,在施加电压小于 0.8 V 时,谐振频率处薄膜悬臂梁的振动位移响应仍然接近线性,然而随着激励电压增大,位移响应呈现非线性。对比图 3.21 和图 3.15 可看出,薄膜悬臂梁在谐振频率处单位电压所致动的位移远大于 500 Hz 和 1 kHz 处的位移。不同测量频率下悬臂梁的灵敏度如表 3.10 所示,由

表 3.10 可知,在施加电压小于 0.8 V 的线性响应区域内,在谐振频率处薄膜悬臂梁的位移和灵敏度都远远大于 500 Hz 和 1 kHz 下的灵敏度。

由结论可知,用于压电性质评价的硅基底的悬臂梁具有高的位移灵敏度,与相同尺寸的体陶瓷材料悬臂梁相比,其单位电压致动位移和致动力更大,并且硅基的可集成性和尺寸易控等优点使得其更有益于实际应用。此外,硅基薄膜悬臂梁或其他薄膜器件能大大减少有毒铅材料的使用,能有效地减少铅金属对环境的污染。

(4)薄膜的介电损耗因子。笔者所测得的薄膜介电损耗因子略大的原因有两个。一是因为薄膜的介电损耗因子直接受测量频率的影响,我们是在 1 kHz 测量频率下测量的介电损耗因子,由图 3.18 可知,1 kHz 频率处的测量值明显高于高频处测量的介电损耗因子;二是因为铁电薄膜与底电极之间难免有扩散层,而该扩散层的介电损耗大,因而直接影响薄膜的介电损耗因子的测量值,尤其在薄膜厚度很薄时(0.3 μm),该扩散层对介电损耗因子的测量值影响更为明显。

3. 总结

本节在硅基异质基底上制备出了具有高压电性和良好铁电性的三元系 0.06PMnN - 0.94PZT(50/50)薄膜。

晶体结构分析表明,在 $SrRuO_3(SRO)/Pt(111)/Ti/SiO_2/Si(100)$ 异质结构基底上生长的 0.06PMnN - 0.94PZT(50/50)薄膜为多晶薄膜,薄膜呈现(001),(101)和(111)三相混合生长,其中(111)方向远强于其他两个方向,因而可认为该薄膜为(111)方向的取向生长。由 XRD 衍射谱线可知,PMnN - PZT(50/50)薄膜的衍射谱线与非添加的 PZT(50/50)三峰衍射谱线匹配很好,因而 PMnN - PZT(50/50)薄膜具有与 PZT(50/50)薄膜相同的四方钙钛矿晶相,并且利用 XRD 的(001)和(111)衍射峰以及四方晶相的结论计算出薄膜的晶格常数 d_a 和 d_c 分别为 0.406 3 和 0.407 0,其 d_c/d_a 为 1.002,该晶格常数和 d_c/d_a 明显小于体 PZT(50/50)的晶格常数,d_c/d_a 非常接近 1 说明该配比的三元系 PMnN - PZT(50/50)薄膜非常接近准同型相变边界(MPB)。

利用悬臂梁方法表征了 PMnN - PZT(50/50)薄膜的横向压电应力系数为 $^*e_{31} = -10\ C/m^2$,并利用精确公式对该压电系数做了修正,修正后的横向压电应力系数为 $e_{31,f} = -14.9\ C/m^2$,利用 PZT(50/50)的体材料弹性顺度值计算了薄膜的横向压电应变系数和横向机电耦合系数,其值分别为 $d_{31,f} = -184 \times 10^{-12}\ C/N$ 和 $k_{31,f} = 65.1\%$。该值明显大于非添加的二元系 PZT(50/50)薄膜和已报道的 PZT(50/50)体陶瓷的压电系数和机电耦合系数[37],因而知 6% 摩尔配比的 PMnN 能有效地提高 PZT 的压电性和机电耦合系数。同时,我们对交流电压测量悬臂梁位移以表征压电系数的方法进行了讨论。由讨论得知,500 Hz 测量频率的应用满足低频近似直流特性,适用于悬臂梁的压电系数表征公式,因而我们所计算出的压电系数具有高可信度。除了利用悬臂梁来表征压电薄膜的压电系数外,我们还研究了薄膜悬臂梁的位移和灵敏度,结果表明,三元系 0.06PMnN－0.94PZT(50/50)薄膜悬臂梁的位移和灵敏度明显高于二元系 PZT(50/50)薄膜悬臂梁,远大于相同尺寸的串联双层构体 PZT(50/50)陶瓷悬臂梁的灵敏度,并且硅基压电薄膜悬臂梁的应用使悬臂梁的集成成为可能,能有效地减少铅对环境的污染。

由薄膜的铁电滞回曲线可知,三元系 0.06PMnN－0.94PZT(50/50)薄膜的剩余极化强度 $P_r = 17.3\ \mu C/m^2$,饱和极化强度 $P_s = 32\ \mu C/m^2$,矫顽场电压为 $2E_c = 150\ kV/cm$,与二元系 PZT(50/50)薄膜相比,PMnN－PZT(50/50)薄膜的铁电性明显增强,该结论符合 3.3.1 小节中所得的 PMnN 掺杂改性规律。

薄膜的介电系数、介电损耗因子和居里温度测量结果表明,三元系 0.06PMnN－0.94PZT(50/50)薄膜的相对介电系数为 834,介电损耗因子为 5.1%,居里温度为 691 K,与 PZT(50/50)的薄膜相比,其具有高的介电系数,略高的介电损耗因子和略低的居里温度。

硅基底上高压电性、良好铁电性的三元系 0.06PMnN－0.94PZT(50/50)薄膜的成功制备,克服了 MgO 基底的不可集成、耐腐蚀性差和成本高等缺点,使得该三元系薄膜有望实际应用于声学器件、压电器件和 MEMS 器件的制备。

3.3.3　单晶硅基底 PMnN－PZT 铁电薄膜掺杂特性研究

上一节已提到铁电薄膜,例如锆钛酸铅(PZT)在铁电器件[41-47]、声学器件[48-50]、压电器件[51-53]和微机电系统(Micro-electromechanical Systems, MEMS)[54-56]等器件制备中有广泛应用。此外,铌镁酸铅 $Pb(Mg_{1/3}, Nb_{2/3})O_3$,钛酸铅($PbTiO_3$),钛酸钡($BaTiO_3$)和钛酸锶钡($(Ba, Sr)TiO_3$)等也已应用于铁电器件、声学器件、压电器件和微机电系统等器件制备中[52,57]。

在前面的研究中,我们在氧化镁单晶基底上成功制备出单晶三元系铁电薄膜 PMnN－PZT(45/55),该薄膜具有出色的压电性和铁电性,有望应用于实际机电器件制备中。然而,器件微型化和集成化的趋势要求压电薄膜沉积在可集成基底上,尤其是与硅集成技术相兼容,而氧化镁基底的不可集成特性直接限制了该三元系薄膜的应用,因而如何在硅基底上沉积出具有优良压电性和铁电性的 PMnN－PZT 薄膜成为 PMnN－PZT 三元系铁电薄膜的另一个研究重点。

本部分采用铌锰酸铅($Pb(Mn_{1/3}, Nb_{2/3})O_3$, PMnN)、锆酸铅($PbZrO_3$, PZ)和钛酸铅($PbTiO_3$, PT)按一定配比混合来制备三元系铁电薄膜,因此可以认为该三元系铁电薄膜是 PMnN 和 PZT 按不同配比添加而成的。为简化表示方法,以下均采用 xPMnN－$(1-x)$PZT 的形式表示不同配比的三元系薄膜,其中 $0 \leqslant x \leqslant 0.3$。我们的目的是在研究不同 PMnN 添加量对 PZT 的改性规律,并寻求薄膜综

合特性最佳的最优添加比例,并在硅基底上制备出高压电和铁电性的 PMnN -
PZT 三元系铁电薄膜。

1. 不同 PMnN 添加比例的 PZT(52/48)三元系薄膜研究

$Pb(Mn_{1/3},Nb_{2/3})O_3$,$PbZrO_3$ 和 $PbTiO_3$ 三元系铁电陶瓷特性如图 3.4 所示,
不同配比的 PMnN - PZT 压电陶瓷材料的晶体结构、机电耦合系数和机械品质因
数明显不同,从图 3.4(a)和(b)可以看出,在 PMnN 添加比例(摩尔比例)不高于
35%时,PZ 与 PT 配比在 0.45~0.55 范围内晶体结构靠近四方晶相
(Tetragonal,T)和三角晶相(Rhombohedral,R)之间的准同型相变边界(MPB),
其机电耦合系数在 40%~60%之间,并且添加一定比例的 PMnN 之后,能有效地
提高其机械品质因数。在实验中,我们采用了二元系接近 MPB 的 PZT 成分组合
PZT(52/48),即 PZ/PT=52/48,而 PMnN 的添加比例分别取 0,6%,10%,20%
和 30%摩尔比例,以研究不同 PMnN 添加比例对 PZT 的改性规律。

(1)xPMnN -$(1-x)$PZT 薄膜的制备。实验用射频磁控溅射系统如前介绍。
薄膜沉积用的基底采用 $SrRuO_3$(SRO)/Pt(111)/Ti/SiO_2/Si(100)异质结构基底,
其中 SiO_2 层用于做绝缘层和热稳定层,SRO 层为膜与底电极的缓冲层,SRO 晶格
常数与 PZT 类陶瓷薄膜相近,并且其导电、热稳定性好,适合于该类 PZT 薄膜的
定向沉积与生长。

溅射靶材采用粉末靶,粉末靶具有制作方法简单,成本底,并且可以灵活改变
靶材成分的优点,适合于掺杂类薄膜制备与研究;缺点是靶材损耗速度快,沉积速率
一般低于固体靶材。在本实验中,PZT 类薄膜的沉积速率为 0.2 $\mu m/h$,xPMnN -
$(1-x)$PZT(52/48)薄膜的厚度为 0.3 μm。每次镀膜结束后都采用淬火方法处
理。薄膜详细的溅射条件如表 3.11 所示。

表 3.11　薄膜的溅射条件

靶材成分	PMnN+PZ+PT,PZ+PT
基底	SRO/Pt(111)/Ti/SiO_2/Si(100)
溅射气体	Ar：O_2=20：1
基底温度	600 ℃
溅射气压	1 Pa
溅射功率	80 W
生长速率	0.2 $\mu m/h$
膜厚	0.3 μm
热处理	淬火

（2）薄膜特性表征与参数测量。

1）薄膜的晶体结构。利用 XRD 谱线来分析 xPMnN-$(1-x)$PZT(52/48)薄膜的晶体生长、晶格结构和晶格常数，0、6%、20%和30%不同摩尔配比的 xPMnN-$(1-x)$PZT(52/48)薄膜的 XRD 谱线分别如图 3.2（a）（b）（c）和（d）所示，其中 0.1PMnN-0.9PZT(52/48)薄膜的 XRD 谱线与 0.2PMnN-0.8PZT(52/48)薄膜的相似，故只给出图 3.22 中的四个谱线。

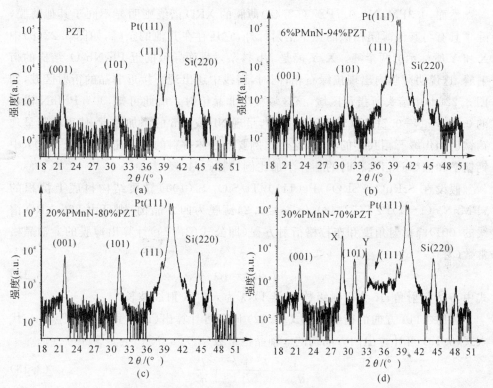

图 3.22　xPMnN-$(1-x)$PZT(52/48)系列薄膜的 XRD 图谱

(a) PZT(52/48)；(b) 0.06PMnN-0.94PZT(52/48)；

(c) 0.2PMnN-0.8PZT(52/48)；(d) 0.3PMnN-0.7PZT(52/48)

由图 3.22 可看出，未添加的 PZT(52/48)薄膜、0.06PMnN-0.94PZT(52/48)薄膜和 0.2PMnN-0.8PZT(52/48)薄膜(0.1PMnN-0.9PZT(52/48)薄膜与后者相似)都呈现（001），（101）和（111）三晶向混合生长状态，说明这四种薄膜是多晶薄膜，而三元系薄膜的三个晶向的衍射角与二元系 PZT(52/48)薄膜非常相近，说明掺入的 PMnN 在 PZT(52/48)结构中溶入良好，同时也说明 6%、10%和 20%

PMnN 添加的三元系 PZT(52/48)基薄膜与二元系 PZT 薄膜具有相同的四方晶格结构和钙钛矿相。

这四种薄膜中,PZT(52/48)和 0.06PMnN－0.94PZT(52/48)两种薄膜(111)晶格方向为主要生长方向,尤其是 0.06PMnN－0.94PZT(52/48)薄膜,其(111)晶格方向衍射强度远大于(001)和(101)方向,因而这两种薄膜可认为是(111)方向优势生长薄膜。

然而,0.3PMnN－0.7PZT(52/48)薄膜的 XRD 谱线则明显不同于其他薄膜,除了具有与其他薄膜相似的三个衍射峰外,它还存在其他的杂峰,如图 3.22(d)中 X 和 Y 所标示的两个峰。X,Y 峰是 Nb 掺杂过量而导致的近 $Pb_2Nb_2O_2$ 结构的衍射峰,这说明薄膜内出现焦绿石相;同时,谱线中还出现了接近非晶的衍射区域,如图 3.22(d)中箭头所指示区域,该区域接近非晶衍射。由此可知,30%PMnN 添加的 0.3PMnN－0.7PZT(52/48)薄膜中,呈现 Nb 或 Mn 的添加过量,使得薄膜呈现钙钛矿和焦绿石相共存的状态,这个比例要低于体材料的相变曲线(图 3.4(a))中钙钛矿和焦绿石相共存时的临界添加比例(35%～40%)。

假设在 $SrRuO_3$(SRO)/Pt(111)/Ti/$SiO_{2/}$Si(100)异质结构衬底上沉积的 xPMnN-$(1-x)$PZT(52/48)$(0 \leqslant x \leqslant 0.2)$薄膜为四方晶构,则可由 2θ-XRD 谱线的(001)峰衍射角度和布拉格衍射方程(即公式(3.12))计算出薄膜的 c 轴晶格常数(d_c)。

$$2d_c\sin\theta = K\lambda \tag{3.12}$$

式中,θ 为衍射角,K 为衍射级数($K=1$),λ 为入射 X 射线波长。

利用(111)方向的衍射角和式(3.12)同理可计算出(111)面的面间距 d_{111},代入式(3.13)可计算出四方晶构的 a 轴晶格常数(d_a)。

$$\frac{1}{d_{hkl}^2} = \frac{h^2 + k^2}{d_a^2} + \frac{l^2}{d_c^2} \tag{3.13}$$

四种薄膜的 a 轴晶格常数(d_a)、c 轴晶格常数(d_c)、c 轴与 a 轴晶格常数比率(d_c/d_a)和薄膜的晶体结构如表 3.12 所示,其中"T"表示四方晶构,"R"表示三角晶构。由 3.12 中数据可知,非掺杂的 PZT(52/48)的晶格常数以及晶格比率与掺入 PMnN 后的薄膜明显不同,6% 和 10% 摩尔比例 PMnN 添加的 PZT(52/48)的晶格常数变小,在四方晶构的假设下,6%PMnN－94%PZT(52/48)薄膜的晶格常数比率 d_c/d_a 为 1,这说明这种薄膜的晶构最接近准相变边界。10%PMnN－90%PZT(52/48)和 20%PMnN－80%PZT(52/48)晶格常数比率略小于 1,结合 PMnN 添加会导致 PZT 基薄膜偏向富 Zr 结构(三角晶构)的结论可判定这两种三元系铁电薄膜偏于三角晶构,并接近相变边界。由表3.12中薄膜的晶格常数可以看出,6%摩尔和10%摩尔PMnN配比的PZT(52/48)接近准相变边界,因而,该两种薄膜应具有出色的铁电性能。

表 3.12　薄膜的晶格常数

铁电薄膜	d_a	d_c	d_c/d_a	晶体结构
PZT(52/48)	0.407 1	0.407 7	1.017	T
0.06PMnN－0.94PZT(52/48)	0.406 6	0.406 7	1.000	T/R
0.1PMnN－0.9PZT(52/48)	0.407 1	0.404 8	0.994	R/T
0.2PMnN－0.8PZT(52/48)	0.410 4	0.406 6	0.991	R/T

2)薄膜的铁电性。利用 Sawyer Tower 电路测量薄膜的铁电性,测量频率为 1 kHz,得到不同 PMnN 添加比的薄膜的铁电 P-E 曲线如图3.23所示,各薄膜相应的剩余极化强度(P_r),饱和极化强度(P_s)和矫顽场电压($2E_c$)值如表3.13所示。

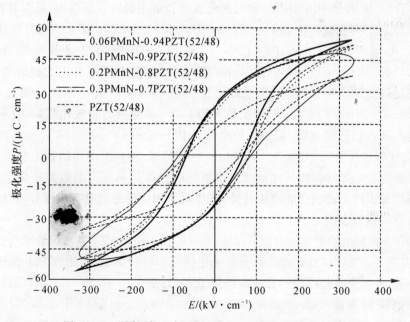

图 3.23　不同添加比例 PMnN－PZT 薄膜的 P-E 曲线

表 3.13　薄膜铁电性能参数

铁电薄膜	P_r $\mu C \cdot cm^{-2}$	P_s $\mu C \cdot cm^{-2}$	$2E_c$ $kV \cdot cm^{-1}$
PZT(52/48)	12.7	23.85	136
0.06PMnN－0.94PZT(52/48)	23.7	40	139
0.1PMnN－0.9PZT(52/48)	24.2	37.4	151
0.2PMnN－0.8PZT(52/48)	20.6	35.5	127
0.3PMnN－0.7PZT(52/48)	22.8	48.6	176

　　由图 3.23 可看出,五种薄膜的极化曲线呈现明显的滞后特性,说明薄膜具有明显铁电性。对比未掺杂的二元系 PZT(52/48)薄膜和掺杂 PMnN 后的三元系铁电薄膜的铁电曲线可以看出,掺杂 PMnN 的三元系 PZT 基薄膜的铁电性明显优于非掺杂的二元系 PZT,其中 0.06PMnN－0.94PZT(52/48)和 0.1PMnN－0.9PZT(52/48)薄膜具有出色的铁电性,由表 3.13 中的数据可看出,0.06PMnN－0.94PZT(52/48)薄膜具有最大的饱和极化强度和适中的矫顽场电压,而 0.1PMnN－0.9PZT(52/48)薄膜饱和极化强度小于 0.06PMnN－0.94PZT(52/48)薄膜,矫顽场电压大于 0.06PMnN－0.94PZT(52/48)薄膜,而其剩余极化强度则略大于 0.06PMnN－0.94PZT(52/48)薄膜,由结果可知,随着 PMnN 掺入比例的增加,薄膜的极化强度没有明显变化,但是 P-E 曲线的饱和收敛性则发生明显改变,0.06PMnN－0.94PZT(52/48)薄膜和 PZT(52/48)薄膜的收敛性相似,且明显优于其他三种薄膜。随着添加比例 x 增加,xPMnN-$(1-x)$PZT(52/48)薄膜的 P-E 曲线收敛性下降,尤其是 0.3PMnN－0.7PZT(52/48)薄膜的铁电曲线,尽管其呈现出与 6％和 10％掺入比例薄膜相似的剩余极化和更大的饱和极化,但其极化曲线显现出明显的病态非收敛特性,造成这个现象的原因是有焦绿石相存在,且薄膜的介电耗散较大。

　　综合各薄膜的铁电性能参数可知,PMnN 的掺入使得 PZT 基薄膜的铁电性明显增强,四种三元系薄膜具有相近的剩余极化强度和矫顽场电压,随着 PMnN 的掺入比例增加,铁电滞回曲线的饱和收敛性降低,尤其是 0.3PMnN－0.7PZT(52/48)薄膜的铁电滞回曲线呈现出明显的病态非收敛特性。由结果可知,0.06PMnN－0.94PZT(52/48)和 0.1PMnN－0.9PZT(52/48)薄膜的铁电综合性能最佳,0.2PMnN－0.8PZT(52/48)和 0.3PMnN－0.7PZT(52/48)薄膜的性能依次次之。PMnN 添加使 PZT 铁电性明显改善的原因在于薄膜的晶格畸变,同时由晶格参数的结论可知,6%,10% 和 20% 摩尔配比的三元系薄膜明显具有比二元系 PZT(52/48)更大的晶格压缩应力,由文献[58]知,晶格的压缩应力也会引起铁电性明显增强,剩余极化增大。

3)薄膜的介电性。

①薄膜的介电系数。利用 LCR 数字电桥测量薄膜的介电系数,通过电容测量值、薄膜厚度以及电容电极面积,根据以下电容公式(3.14)即可计算出薄膜的相对介电系数 ε_r:

$$\varepsilon_r = C \times d / S \times \varepsilon_0 \tag{3.14}$$

式中,C 为电容,d 为铁电薄膜厚度,S 为薄膜电容面积,ε_0 为真空介电系数,$\varepsilon_0 = 8.85 \times 10^{-12}$ F/m,测量电压为 1 V,测量频率为 1 kHz。测量系统如图 3.24 所示,薄膜的介电系数测量结果列于表 3.14 中。

图 3.24　介电系数测量系统

表 3.14　薄膜的介电性能

铁电薄膜	ε_r	$\tan\delta$
PZT(52/48)	588	0.046
0.06PMnN - 0.94PZT(52/48)	844	0.058
0.1PMnN - 0.9PZT(52/48)	886	0.084
0.2PMnN - 0.8PZT(52/48)	999	0.16
0.3PMnN - 0.7PZT(52/48)	1069	0.24

由表 3.14 可看出,薄膜的介电系数随 PMnN 的掺入比例增加而明显增大,初始掺入时薄膜的介电性增加明显,而随着掺入比例的增大,介电系数增加的速率逐渐下降,其影响曲线如图 3.25 所示。由图 3.25 可看出,整段曲线可分为两段类线性变化区域,即以掺入比例 6% 摩尔为界,初始掺入比例小于 6% 摩尔时介电系数的增长速率(直线斜率)明显大于后期掺入量增加所造成介电系数增大的速率(直线斜率),即初始 PMnN 掺入对 PZT 薄膜的介电性影响明显;随着添加掺入量增加,介电系数随添加掺入比例增加而增大的速率下降。

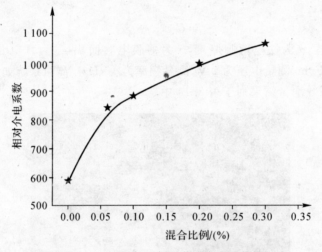

图 3.25　PMnN 添加比例对薄膜介电系数的影响

介电系数的测量值随测量频率的变化而变化,五种薄膜的介电系数随测量频率的变化曲线如图 3.26 所示。由图 3.26 可看出,介电系数随测量频率的增加而明显下降,但当测量频率高于 2.5 kHz 时,薄膜的介电系数趋近于恒定值。

②薄膜的介电损耗因子。薄膜的介电损耗因子利用 LCR 数字电桥在与介电系数相同的条件下测量,所得不同薄膜的介电损耗因子如表3.13中所示,由表3.13中数据可知,未添加 PMnN 的 PZT(52/48)薄膜的介电损耗因子为 4.6%,而三元系铁电薄膜的介电损耗因子都大于该值,不同添加比例薄膜的介电损耗因子不同。薄膜介电损耗因子随 PMnN 添加比例的变化曲线如图 3.27 所示,由图3.27可看出,随着 PMnN 添加比例增加,薄膜的介电损耗因子明显增大,尤其是当添加比例大于 10% 时,介电损耗因子呈直线上升趋势,且其增长速率远大于初始添加比率的区域(添加比例小于 10%),因而大比例的 PMnN 添加必须考虑到会导致大的介电损耗。其中 30% 添加比例薄膜的介电损耗因子高达 24%,高的介电损耗因子

意味着薄膜介电性能变差,并直接影响薄膜的机电或电机转换效率,也是铁电薄膜呈现病态铁电滞回曲线的重要原因。

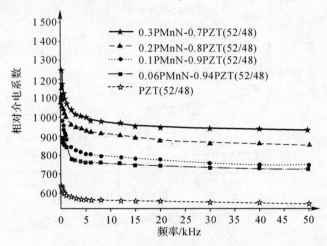

图 3.26　介电系数随测量频率的变化曲线

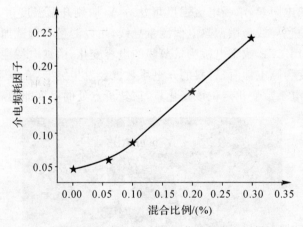

图 3.27　不同 PMnN 混合比例对 PZT 薄膜的介电损耗因子的影响

介电损耗因子测量值随测量频率的变化而变化,其变化曲线如图 3.28 所示。由图 3.28 可以看出,薄膜的介电损耗因子测量值随测量频率的增加而明显下降,尤其是在低频区域(小于 3 kHz),介电损耗因子随频率增加而下降的趋势十分明显,但随着测量频率增大(大于 3 kHz),介电损耗因子逐渐趋向于恒定值。

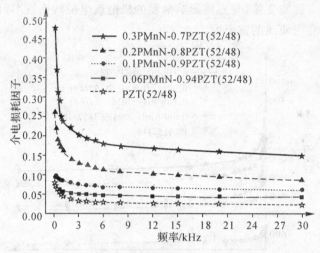

图 3.28　介电损耗因子随测量频率的变化曲线

4)薄膜的居里温度。利用 LCR 数字电桥和加温、控温和测温系统测量薄膜的居里温度,加热系统如图 3.29 所示,光学微调平台上的白色管状物为外绝缘陶瓷管的高电流加热电阻丝,承受电流强度可达 3 A,加热升温温度可达 600 ℃,光学平台上引出的白色导线为微型热电偶测量导线,用以测量和调试加热温度,在温度达到稳定时,利用 LCR 数字电桥测量薄膜的电容变化,由铁电特性可知,当铁电薄膜由自发极化变为顺电性时,材料的介电系数也会发生突变,介电系数会由峰值陡降,通过薄膜介电系数变化定位该变化点,该转折点处的温度即为居里温度。

图 3.29　薄膜升温、测温平台

　　五种薄膜的介电温变曲线如图 3.30 所示,由图 3.30 可看出,随着温度增加,薄膜的介电系数增大,当增大到一定温度时,介电系数转而下降,而该转折点处的温度即为该薄膜的居里温度。五种薄膜的居里温度值如表 3.15 所示。

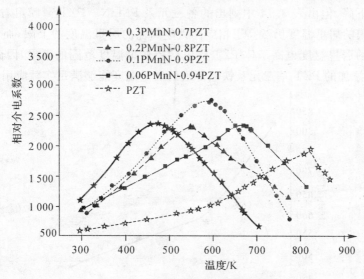

图 3.30　薄膜介电系数温变曲线

表 3.15　铁电薄膜的居里温度

铁电薄膜	PZT(52/48)	0.06PMnN－0.94PZT	0.1PMnN－0.9PZT	0.2PMnN－0.8PZT	0.3PMnN－0.7PZT
T_c/K	818	682	582	544	472

　　由图 3.30 和表 3.15 中的居里温度值可发现,二元系 PZT(52/48)薄膜具有最高的居里温度,该值明显大于普通体压电 PZT 陶瓷的居里温度(570～670 K)。0.06PMnN－0.94PZT(52/48)、0.1PMnN－0.9PZT(52/48)、0.2PMnN－0.8PZT(52/48)和 0.3PMnN－0.7PZT(52/48)薄膜的居里温度依次变小,说明 PMnN 的添加造成铁电薄膜的居里温度降低,薄膜的居里温度随 PMnN 添加比例变化曲线如图 3.31 所示。

　　由图 3.31 可看出 PMnN 的添加使得 PZT 薄膜的居里温度明显下降,尤其是初始添加比例区域(添加比例小于 10%),居里温度的下降速率较大,随着添加比例的增加,居里温度的下降速率变缓。铁电薄膜居里温度随 PMnN 添加比例增大而减小,导致该变化规律的原因主要是 PMnN 的添加使得薄膜内自由载荷增多,且薄膜结构由钙钛矿相向焦绿石相转变,PMnN 添加对 PZT 薄膜的居里温度的影响规律与相近构成成分的体材料的相关规律相似[34]。尽管 PMnN 的添加会导致居里温度下降,但由表 3.14 中列出的各三元系 PMnN - PZT 薄膜可看出,6% 添加比例薄膜的居里温度仍然高于相应体铁电陶瓷的居里温度的上限,而 10% 添加比例薄膜的居里温度也高于体 PZT 铁电陶瓷居里温度范围的下限,因而,适当比例 PMnN 添加的 PZT 基三元系铁电薄膜的居里温度能够满足实际应用的需要。

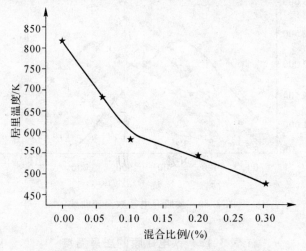

图 3.31 居里温度随 PMnN 混合比例变化曲线

在居里温度的测量中,很难精确地将数值定位于某个精确的温度值上,而转折点的变化也不是理想中的陡然突变,这可由图 3.30 中的温变曲线看出。实际上介电系数的转变是个渐变的过程,尤其是添加 PMnN 的薄膜的弛豫区域更明显些,因而可以认为 PMnN 材料具有弛豫特性,这使得 PMnN 添加的 PZT 薄膜也呈现出类似的弛豫行为,表 3.14 中列出的居里温度数值的误差范围约为 ± 4 K。实际测量中,每个升温过程的时间都足够长,在温度达到稳定后再进行读数。

3.3.4 小结

本节利用磁控溅射方法在 $SrRuO_3$(SRO)/Pt(111)/Ti/SiO_2/Si(100) 异质结构硅基底上制备并研究了 PMnN,PZ 和 PT 三元系不同 PMnN 添加比例的 xPMnN-$(1-x)$PZT(52/48) 铁电薄膜,其中 PMnN 摩尔添加百分比 x 分别取为 0,6%,10%,20% 和 30%。

利用 X 射线衍射方法研究了薄膜的晶体生长、晶格结构和晶格常数,利用

Sawyer-Tower 电路测量了薄膜的铁电性,利用 LCR 数字电桥和升温、测温系统测量了薄膜的介电性能和居里温度。

XRD 测量结果和相关的晶格计算表明,添加比例小于 20％时薄膜为(001)、(101)和(111)三个方向混合生长的多晶薄膜。其中,二元系非添加 PZT(52/48)薄膜和 6％摩尔添加比例的 PZT(52/48)三元系薄膜呈现明显的(111)方向优势生长,当 PMnN 添加比例为 30％时,薄膜的 XRD 谱线出现除(001)、(101)和(111)外的多个杂峰,并且可观察到非晶相区域出现。在假设小于 20％摩尔添加比薄膜为四方晶构的前提下,计算了薄膜的晶格常数,结果表明,PZT(52/48)为典型的四方晶构,其晶格常数比 d_c/d_a 略小于并接近于相应的体材料的值,而 6％摩尔比例添加的薄膜的 d_c/d_a 为 1,10％和 20％摩尔比例添加的薄膜的 d_c/d_a 略小于 1,这说明 6％摩尔添加比例的 PZT(52/48)薄膜的成分构成最接近四方晶构与三角晶构之间的准同型相变边界,而 d_c/d_a 随添加比例增加而减小说明薄膜的晶构逐渐由四方向三角转变,d_c/d_a 越小,说明越靠近三角晶构。由于 PMnN 的添加会导致 PZT 晶体结构向富 Zr 方向(三角晶构)偏移,结合薄膜晶格常数 d_c/d_a 小于 1 的结果可知,10％和 20％摩尔比例 PMnN 添加的薄膜应偏向于三角晶构并接近准同型相变边界。

铁电性能的测量结果表明,添加 PMnN 后的 PZT(52/48)薄膜的铁电性明显增强,其中 6％摩尔比例和 10％摩尔比例的铁电综合性能出色,尤其是 6％摩尔配比薄膜具有最大的饱和极化强度、高的剩余极化强度和较小的矫顽场电压,而随着 PMnN 添加比例的增加,薄膜的铁电性降低。在 30％添加比例时,薄膜的铁电滞回曲线呈现明显的病态非收敛特性,造成这个结果的原因是薄膜出现焦绿石相,且薄膜的介电性能变差,介电损耗较大。

薄膜的介电性测量表明,添加 PMnN 会使 PZT(52/48)薄膜的介电系数和介电损耗因子增大,其中介电系数的增加速率在初始添加时较大,随着添加比例增加介电系数增加的速率下降;介电损耗因子则在初始添加时改变不明显,而随着添加比例增大其增长速率加快。

薄膜的居里温度测量结果表明,二元系 PZT(52/48)薄膜的居里温度明显高于相应的体材料和 PMnN - PZT 三元系铁电薄膜的居里温度,添加 PMnN 导致 PZT 薄膜的居里温度降低,在初始添加时居里温度的下降速率明显,随添加量增加,居里温度的下降速率降低,导致居里温度降低的主要原因是 PMnN 的添加导致晶格畸变,薄膜内载流电荷随 PMnN 添加量的增大而明显增多,薄膜由钙钛矿相向焦绿石相转化越为明显。尽管添加 PMnN 会导致居里温度明显降低,而 6％摩尔添加 PZT(52/48)薄膜仍然具有高于相应体材料居里温度范围上限,而 10％

摩尔添加比例薄膜也高于体材料的居里温度范围下限,这说明,适当比例 PMnN 添加的 PZT(52/48)薄膜仍然具有足够好的温度特性,满足实际应用的温度需求。

综合薄膜各项结果表明,适当添加 PMnN 能够使 PZT 薄膜更接近准同型相变边界,薄膜的铁电性能得到明显改善,尽管 PMnN 的添加同时会导致介电系数和介电损耗增大、居里温度下降,然而选取适当的添加比例能获得综合性能良好的三元系铁电薄膜,并且该三元系薄膜还具有潜在的高机械品质因数。在不同 PMnN 添加比例薄膜中,其中 6% 和 10% 摩尔配比,尤其是 6% 摩尔比例添加的 PZT(52/48)薄膜具有出色的铁电性、较低的介电损耗因子、较高的居里温度和适中的介电系数,该薄膜有望应用于实际铁电器件的制备中。

参考文献

[1] 符春林.铁电薄膜材料及其应用[M].北京:科学出版社,2009.

[2] Yantchev V,Enlund J,Biurstro J,et al. Design of High Frequency Piezoelectric Resonators Utilizing Laterally Propagating Fast Modes in Thin Aluminum Nitride (AlN) Films[J]. Ultrasonics,2006,45:208 - 212.

[3] Sadek A Z,Wlodarski W,Li Y X,et al. A ZnO Nanorod Based Layered ZnO/64° YX LiNbO$_3$ SAW Hydrogen Gas Sensor[J]. Thin Solid Films,2007,515: 8705 - 8708.

[4] Pang W,Zhang H,Whangbo S,et al. High Q Film Bulk Acoustic Resonator from 2.4 to 5.1 GHz[J]. IEEE Ultrasonic Symposium,2004,315 - 320.

[5] Ruby R,Bradley P,Larson J D,et al. PCS 1900 MHz Duplexer Using Thin Film Bulk Acoustic Resonators (FBARs) [J]. Electronics Letters,1999,35 (10):794 - 795.

[6] Tay K W,Wu L,Huang C,et al. IEEE Ultrasonic Symposium,2003,2024 - 2027.

[7] Werbaneth P,Almerico J,Jerde L,et al. Pt/PZT/Pt and Pt/Barrier Stack Etches for MEMS Devices in a Dual Frequency High Density Plasma Reactor[J]. IEEE/SEM Advanced Semiconductor Manufacturing Conference,2002,177 - 183,.

[8] Pang W,Zhang H,Kim J J,et al. High Q Single-Mode High-Tone Bulk Acoustic Resonator Integrated With Surface Micromachined FBAR Filter [J]. IEEE Ultrasonic Symposium,2005,413 - 416.

[9] Zhang H,Kim J,Pang W,et al. 5 GHz Low phase-noise Oscillator Based on FBAR with Low TCF, The 13th International Conference on Solid-State Sensors[J]. Actuators and Microsystems,2005,1100 – 1101.

[10] Aissi M,Tournier E,Dubois M A , et al. 5. 4 GHz 0. 35 μm BiCMOS FBAR Resonator Oscillator in Above-IC Technology[J]. IEEE International Solid-State Circuits Conference,2006,17. 5.

[11] Dubois M A,Billard C, Carpentier J F,et al. Above-IC FBAR Technology for WCDMA and WLAN Applications[J]. IEEE Ultrasonics Symposium, 2005,85 – 88.

[12] Muralt P,Antifakos J,Canton M,et al. Is There a Better Material for Thin Film BAW Applications than AlN [J]. IEEE Ultrasonic Symposium,2005 ,315 – 320.

[13] Zhang T,Zhang H,Wang Z,et al. Effects of Electrodes on Performance Figures of Thin Film Bulk Acoustic Resonators [J]. Acoust. Soc. Am, 122(3):1646 – 1651.

[14] Gebhardt S,Seffner L,Schlenkrich F,et al. PZT Thick Films for Sensor and Actuator Applications [J]. Journal of the European Ceramic Society, 2007,27: 4177 – 4180.

[15] Deshpande M,Saggere L. PZT Thin Films for Low Voltage Actuation: Fabrication and Characterization of the Transverse Piezoelectric Coefficient [J]. Sensors and Actuators A,2007,135:690 – 699.

[16] Sakata M,Wakabayashi S,Goto H,et al. Sputtered High d_{31} Coefficient PZT Thin Film for Micro Actuators[J]. IEEE Ultrasonic Symposium, 1996,263 – 266.

[17] Wang Z,Zhu W,Zhu H,et al. Fabrication and Characterization of Piezoelectric Micromachined Ultrasonic Transducers with Thick Composite PZT Films[J]. IEEE Transactions on Ultrasonics, Ferroelectrics,and Frequency Control,200,52(12):2289 – 2297.

[18] Sreenivas K,Setter N,Colla E L, Ferroelectric Ceramics[J]. Birkhäusen, Basel, 1993,213.

[19] Suzuki T,Kanno I,Loverich J J,et al. Characterization of Pb(Zr,Ti)O$_3$ Thin Films Deposited on Stainless Steel Substrates by RF-magnetron sputtering for MEMS applications [J]. Sens. Actuators, A, 2006,

125:382 - 386.

[20] Berlincourt D A,Cmolik C,Jaffe H. National Technical Report[D]. Proc. IRE,1960,48:220.

[21] Du X,Zheng J,Belegundu U,et al. Crystal Orientation Dependence of Piezoelectric Properties of Lead Zirconate Titanate near the Morphotropic Phase Boundary[J]. Appl. Phys. Lett. ,1998,72(19):2421 - 2423.

[22] Fu D,Suzuki H,Ogawa T,et al. High-piezoelectric Behavior of c-axis-oriented Lead Zirconate Titanate Thin Films with Composition near the Morphotropic Phase Boundary[J]. Appl. Phys. Lett. , 2002, 80 (19): 3572 - 3574.

[23] Eric Cross L, Setter N, Colla E L, Ferroelectric Ceramics[J]. Birkhäusen, Basel,1993,64,71.

[24] Muralt P. PZT Thin Films for Microsensors and Actuators: Where Do We Stand? [J]. IEEE. Ultra. Ferr. Freq. Cont. ,2000,47(4):903 - 915.

[25] Nagarajan V,Ganpule C S,Nagaraj B,et al. Effect of Mechanical Constant on the Dielectric and Piezoelectric Behavior of Epitaxial $Pb(Mg_{1/3}Nb_{2/3})O_3$ (90%)- $PbTiO_3$(10%) Relaxor Thin Films[J]. Appl. Phys. Lett. ,1999, 75(26): 4183 - 4185.

[26] Kim C S,Kim S K,Lee S Y. Fabrication and Characterization of PZT - PMWSN Thin Film Using Pulsed Laser Deposition[J]. Materials Science in Semiconductor Processing,2003,5:93 - 96.

[27] Pintilie L,Boerasu I,Pereira M,et al. Structural and Electrical Properties of Sol-Gel Deposited $Pb(Zr_{0.92}Ti_{0.08})O_3$ Thin Films Doped with Nb[J]. Mater. Sci. Eng. B,2004,109:174 - 177.

[28] Wasa K,Kanno I,Seo S H,et al. Structure and Dielectric Properties of Heteroepitaxial PMNT Thin Films[J]. Integrated Ferroelectrics, 2003, 55:781 - 793.

[29] Wasa K,Kanno I,Suzuki T. Structure and Electromechanical Properties of Quenched PMN - PT Single Crystal Thin Films[J]. Adv. Sci. Technol,2006,45:1212 - 1217.

[30] Takahashi M,Tsubouchi N,Ohno T. Piezoelectricity of Ternary or Quadruplex $PbTiO_3$ and $PbZrO_3$ Solid Solution Materials[J]. IEC Report Japan,CPM71 - 22,1971,1.

［31］ Park J H,Yoon K H,Kang D H,et al. Effect of PMN addition on Dielectric Properties of PZT Thin Films Synthesized by Modified Chemical Solution Process[J]. Mater. Chem. Phys. ,2003,79:151－153.

［32］ Kanno I,Kotera H,Wasa K. Measurement of Transverse Piezoelectric Properties of PZT Thin Films[J]. Sens. Actuators,A,2008,107:68－74.

［33］ Kakegawa K,Mohri J,Takahashi K,et al. A Compositional Fluctuation and Properties of Pb（Zr，Ti）O_3［J］. Solid State Commun ,1977,24: 769－770.

［34］ Takahashi M,Tsubouchi N,Ohno T. Piezoelectricity of Ternary or Quadruplex $PbTiO_3$ and $PbZrO_3$ Solid Solution Materials［J］. IEC Report Japan,CPM71－22,1971.

［35］ Zhang T,Wasa K,Kanno I,et al. Ferroelectric Properties of Pb（$Mn_{1/3}$，$Nb_{2/3}$）O_3－Pb（Zr，Ti）O_3 Thin Films Epitaxially Grown on（001）MgO Substrates[J]. J. Vac. Sci. Technol. ,A,2008,26(4),985－990.

［36］ Kanno I,Kotera H,Wasa K. Measurement of Transverse Piezoelectric Properties of PZT Thin Films[J]. Sens. Actuators,A,2003,107:68－74.

［37］ Berlincourt D A,Cmolik C,Jaffe H. National Technical Report[J]. Proc. IRE,1960,48:220.

［38］ 袁易全.超声换能器[M]. 南京:南京大学出版社,1992.

［39］ Duval F F C,Wilson S A,Ensell G,et al. Characterisation of PZT Thin Film Micro－actuators Using a Silicon Micro－force Sensor［J］. Sens. Actuat. ,A,2007,133:35－44.

［40］ Handbook of Pieoelectric Ceramics. Fuji ceramic company.

［41］ Heyman P M,Hlilmeier G H. A Ferroelectric Field Effect Device［J］. Proceedings of IEEE,1966,54(6):842－848.

［42］ Bhattacharya K,Ravichandran G. Ferroelectric Perovskites for Electromechanical Actuation[J]. Acta Materialia,2003,51:5941－5960.

［43］ Zurcher P,Jones R E,Chu P Y,et al. Ferroelectric Nonvolatile Memory Technology:Applications and Integration Challenges[J]. IEEE Transactions on Components,Packaging,and Manufacturing Technology,1997,20 (2):175－181.

［44］ Subramanyam G,Ahamed F,Biggers R. A Si MMIC Compatible Ferroelectric Varactor Shunt Switch for Microwave Applications［J］. IEEE

Microwave and Wireless Components Letters,2005,739 - 741.

[45] Keis V N,Kozyrev A B,Khazov M L,et al. 20GHz Tunable Filter Based on Ferroelectric (Ba,Sr)TiO$_3$,Film Varactors[J]. Electronics Letters,34 (11): 1107 - 1109.

[46]   Kanareykin A, Nenasheva E, Dedyk A, et al. Ferroelectric Based Technologies for Accelerator Component Applications, PAC[J]. IEEE, 2007,634 - 636.

[47] Krasik Y E,Chirko K,Dunaevsky A,et al. Alexander Krokhmal, Arkadyi Sayapin, and Joshua Felsteiner, Ferroelectric Plasma Sources and their Applications[J]. Plasma Science,2003,31(1):49 - 59.

[48] Kim E K,Lee T Y,Jeong Y H,et al. Air Gap Type Thin Film Bulk Acoustic Resonator Fabrication Using Simplified Process[J]. Thin Solid Films,2006,496:653 - 657.

[49] Mahapatra D R,Singhal A,Gopalakrishnan S. Lamb Wave Characteristics of Thickness-graded Piezoelectric IDT [J]. Ultrasonics, 2005, 43: 736 - 746.

[50] Hsiao Y J,Fang T H,Chang Y H,et al. Surface Acoustic Wave Characteristics and Electromechanical Coupling Coefficient of Lead Zirconate Titanate Thin Films[J]. Materials Letters,2006,60:1140 - 1143.

[51] Es-Souni M,Maximov S,Piorra A,et al. Hybrid Powder Sol - Gel PZT Thick Films on Metallic Membranes for Piezoelectric Applications[J]. Journal of the European Ceramic Society,2007,27:4139 - 4142.

[52] Matsunami G,Kawamata A,Hosaka H,et al. Multilayered LiNbO$_3$ Actuator for XY-stage Using a Shear Piezoelectric Effect[J]. Sensors and Actuators A,2008,144:337 - 340.

[53] Ren T L,Zhao H J,Liu L T,et al. Piezoelectric and Ferroelectric Films for Microelectronic Applications[J]. Materials Science and Engineering B,2003,99:159 - 163.

[54] Jeon Y B,Soodb R,Jeong J H,et al. MEMS Power Generator with Transverse Mode Thin Film PZT[J]. Sensors and Actuators A,2005,122:16 - 22.

[55] Wang X Y,Lee C Y,Peng C J,et al. A Micrometer Scale and Low Temperature PZT Thick Film MEMS Process Utilizing an Aerosol Deposition Method[J]. Sensors and Actuators A,2008,143:469 - 474.

[56] Werbaneth P, Almerico J, Jerde L, et al. Pt/PZT/Pt and Pt/Barrier Stack Etches for MEMS Devices in a Dual Frequency High Density Plasma Reactor[J]. IEEE/SEM Advanced Semiconductor Manufacturing Conference, 2002: 177 - 183.

[57] Thomas N W, Ivanov S A, Ananta S, et al. New Evidence for Rhombohedral Symmetry in the Relaxor Ferroelectric $Pb(Mg_{1/3}Nb_{2/3})O_3$[J]. Journal of the European Ceramic Society, 1999, 19: 2667 - 2675.

[58] Choi K J, Biegalski M, Li Y L, et al. Enhancement of Ferroelectricity in Strained $BaTiO_3$ Thin Films[J]. Science, 2004, 306: 1005 - 1009.

下篇　薄膜压电器件制备技术

第四章 声学器件原理与应用

4.1 压电器件的分类

目前,常用的压电器件主要有石英晶体元器件、压电陶瓷元器件和声学器件。

1. 石英晶体元器件

石英晶体俗称水晶,成分是 SiO_2,是一种重要的压电材料,可用于制造压电元器件。例如:石英晶体谐振器、石英晶体滤波器、石英晶体振荡器、石英晶体传感器等。

石英晶体元器件是由石英晶体片、外壳、引线等材料密封而成的,是一种提供稳定频率的元器件,主要应用于测量设备、计算机、家电、通信、军事等领域。

石英晶体滤波器是由石英晶体谐振器、外壳、电子电路等封装而成的,是一种频率选择器件。与其他类型的滤波器相比,具有选择性好,温度稳定性高的优点。目前,主要应用于无线电通信、载波机、雷达、导航设备等领域。

石英晶体振荡器是由石英晶体谐振器、外壳、电子控制电路系统组成的,是一种把直流电能转变为交流电能的装置。它采用了 Q 值极高的石英晶体谐振器,因此比 LC 振荡器更稳定,主要应用于高端无线电通信设备、发射基站、数字程控交换机、接入网、SDH 等通信设备作时基信号源。

石英晶体传感器是由石英晶体谐振器、外壳、电子控制电路系统组成的,是把非电量变换为电量的装置,是实现信息检测、转换、控制和传输的元器件。目前,主要应用于机械、化工、冶金、轻纺和电力的自动化生产过程中,用各种传感器来监视和控制技术参数,在应用于飞机、火车、宇宙飞行体上时,主要用来控制飞行参数、姿态及发动机的工作特性,使科学工作者获得大量的有用信息。

2. 压电陶瓷元器件

压电陶瓷元器件主要是由利用某些陶瓷的压电特性效应制成的具有选择性的器件。压电陶瓷片由于结构简单,造价低廉,被广泛地应用于电子电器方面,如:玩具、发音电子表、电子仪器、电子钟表、定时器等。

(1)陶瓷滤波器(LT)。陶瓷滤波器是由锆钛酸铅陶瓷材料制成的,把这种陶瓷材料制成片状,两面涂银作为电极,经过直流高压极化后就具有压电效应。它可以起到滤波的作用,具有稳定、抗干扰性能良好的特点,广泛应用于电视机、录像机、收音机等各种电子产品中作为选频元件。它具有性能稳定、无需调整、价格低等优点,取代了传统的 LC 滤波网络。

按幅频特性陶瓷滤波器分为带阻滤波器(又称陷波器)、带通滤波器(又称滤波器)两类,主要用于选频网络、中频调谐、鉴频和滤波等电路中,达到分隔不同频率电流的目的。它具有 Q 值高,幅频、相频特性好,体积小,信噪比高等特点,已广泛应用在彩电、收音机等家用电器及其他电子产品中。

(2)陶瓷谐振器。陶瓷谐振器是指产生谐振频率的陶瓷外壳封装的电子元件,起产生频率的作用,具有稳定性和抗干扰性能好的特点,广泛应用于各种电子产品中。陶瓷谐振器比石英晶体谐振器的频率精度要低,但成本也比石英晶体谐振器低,它主要起频率控制的作用。目前,陶瓷谐振器的类型按照外形可以分为直插式和贴片式两种。

3. 声学器件

声学器件主要是运用压电材料的压电效应产生振动,从而产生声波,利用声波的传播原理进行工作的压电器件。声学器件主要分为:声表面波器件和声体波器件。

(1)声表面波器件。声表面波(Surface Acoustic Wave,SAW)泛指弹性体自由表面产生并沿着表面或界面传播的各种模式的波,包括瑞利波(Rayleigh wave)、勒夫波(Love wave)等,通常依据声表面波的振动方式、向弹性固体内部的透入深度和所适应的边界条件来区分其类型与模式。瑞利波的特征是弹性体表面的质点在近表面沿椭圆轨迹运动,振幅随透入深度按指数衰减,能量也主要集中在表面下 1~2 个波长范围内。瑞利波的传播速度由传播载体的物理参数所决定,而与其振动频率无关。勒夫波是一种只有垂直于传播方向的水平运动而没有垂直运动的声表面波,可将勒夫波想象成一种槽波,衬底基片就是槽的上部边界。在槽两边的边界会发生全反射,因此这些波代表通过多次反射面传播的能量。利用勒夫波制作的器件多应用在液体环境中。

利用声表面波来传播和处理信号的器件为声表面波器件,其结构如图 4.1 所示,由具有压电特性的基片材料及表面的两组叉指换能器组成,分别作为输入和输出换能器。叉指换能器可以直接激励和接收声表面波,当输入端输入电信号时,电信号通过压电基片的逆压电效应转换为机械能,并以声表面波的形式在基片表面上传播；当声表面波信号到达输出换能器时，再通过压电基片的压电效应转换为电信号输出，并通过叉指换能器间的频率响应和脉冲响应来实现滤波、延时和传感等功能。

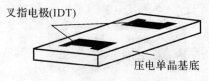

图 4.1　瑞利波激发模式

（2）体声波器件。薄膜体声波谐振器的英文缩写为 FBAR(thin Film Bulk Acoustic Resonator)，在几 GHz 以上甚至几十 GHz 以上的高频段应用有突出优点，广泛用于谐振器、双工器、滤波器和传感器等众多领域，尤其是高频通信行业。

薄膜体声波谐振器的典型结构如图 4.2 所示。

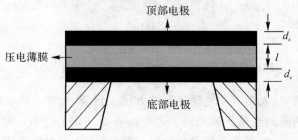

图 4.2　FBAR 横隔膜结构

FBAR 的压电薄膜由电压信号激励产生厚度方向振动，从而产生体声波，由于声阻抗和空气阻抗相差很大，到达电极和空气界面的声波绝大部分会被反射回去，因而声波会在薄膜和电极内往返传播形成驻波，当激励信号频率与 FBAR 固有频率相同时就会形成谐振。

除横隔膜结构（见图 4.2）外，FBAR 还有如图 4.3(a)和(b)所示的两种结构。这两种结构的 FBAR 的设计原理与横隔膜结构的原理相似，都是创建高反射界面，以减小声波能量损失，更好地利用声波振荡。

4. 声波器件的光刻技术[1]

光刻是叉指换能器图形制备过程中非常关键的步骤。光刻即是将掩膜上的图形转移到晶圆上的光敏材料的工艺过程。光刻工艺必须在超净的环境中进行，因为空气中存在的尘埃颗粒，很可能会落到晶圆和掩膜板上，从而使制成的声表面波器件中产生缺陷,导致器件失效。

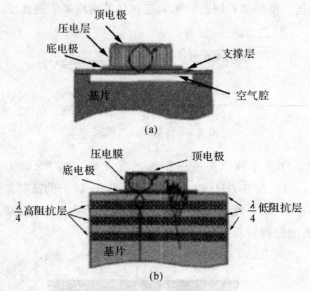

图 4.3　FBAR 的结构

(a) FBAR 空气腔结构;(b) FBAR 反射阵结构

在集成电路中,大多采用光源光刻的方法。目前,大部分声表面波器件的制备工艺中所用到的光刻也是光源光刻。光刻设备所使用的光源一般是紫外线(波长为 $0.2\sim0.4~\mu m$)。随着光刻技术的发展,现在已经从常规光学技术发展到应用电子束、X 射线、微离子束、激光等新技术,使用波长已从 $0.4~\mu m$ 扩展到 0.1Å 数量级范围,使光刻技术成为一种非常精密的微细加工技术。

光刻工艺一般经由 10 步完成,即表面准备、涂光刻胶、软烘焙、对准和曝光、显影、硬烘焙、显影检验、刻蚀、去除光刻胶以及最终目检。下面具体介绍这 10 个工艺过程。

(1)表面准备。该步骤主要是为了清洁和干燥晶圆表面,由三个阶段完成。首先是表面微粒的清除,一般可用手动气吹、机械洗刷和高压水喷溅来完成,对于污染比较严重的,可以用化学湿法进行清洗。通常,为增加晶圆表面的粘贴能力,还要对其进行脱水烘焙。烘焙有三种温度范围,①在 $150\sim200~℃$ 的低温时,晶圆表面的水就会被蒸发;②在 $400~℃$ 的中温时,与晶圆表面结合不牢的水分子就会离开;③在高于 $750~℃$ 的高温时,晶圆表面的化学性质恢复到了疏水性条件,如图 4.4 所示。最后还要在晶圆上涂底胶,这样可以保证晶圆与光刻胶粘贴得更好。涂底胶的方法一般有沉浸式、旋转式和蒸气式等。

图 4.4 亲水性表面和疏水性表面的对照

(2)涂光刻胶。光刻胶又称光致抗蚀剂,是由感光树脂、增感剂和溶剂三种主要成分组成的对光敏感的混合液体。感光树脂经光照后,在曝光区能很快地发生光固化反应,使得这种材料的物理性能,特别是溶解性、亲合性等发生明显变化。经适当的溶剂处理,溶去可溶性部分,得到所需图像。

经过几十年的发展,光刻胶发展出许多品种。根据其化学反应机理和显影原理,可分负胶和正胶两类。其中正胶在曝光和显影后,曝光区内的光刻胶会被去除;而负胶在曝光和显影后,曝光区外的光刻胶会被去除,如图 4.5 所示。

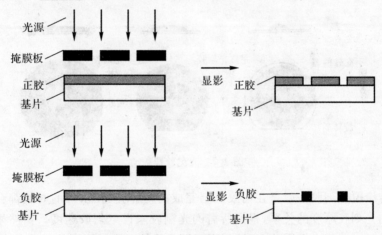

图 4.5 正、负光刻胶曝光显影后的区别

涂光刻胶是为了在晶圆表面涂覆一层薄的、均匀的且没有缺陷的光刻胶膜。涂光刻胶的方法有三种:刷法、旋转法和浸泡法。其中,普遍应用的是旋转涂胶法,如图 4.6 所示。

所涂光刻胶总量的大小是非常关键的。如果所涂光刻胶总量少了会导致晶圆表面涂胶不均,而如果量大了则会导致晶圆边缘光刻胶的堆积或光刻胶流到晶圆背面,如图 4.7 所示。

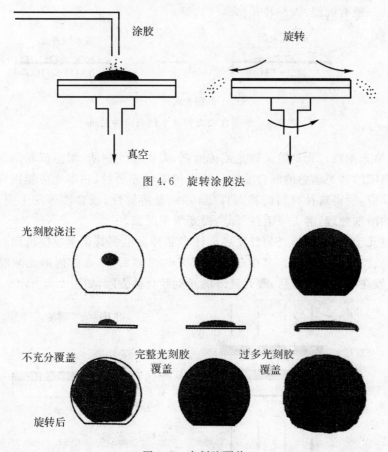

图 4.6　旋转涂胶法

图 4.7　光刻胶覆盖

　　旋转涂覆光刻胶一般是在匀胶机上完成的,光刻胶在出厂的时候都会提供匀胶速度和光刻胶厚度的关系,根据所需的光刻胶来设定匀胶速度。当然采用不同的衬底材料时可能会有变化,应该根据不同具体情况尝试不同的匀胶速度,从而保证获得所需的光刻胶厚度。为了在衬底材料表面获得均匀的光刻胶,通常会先在较低的速度下预甩几秒钟,然后再在较高的转速下完成甩胶过程。

　　(3)软烘焙。该步骤是为了蒸发掉光刻胶中的部分溶剂。因为光刻胶里的溶剂在曝光过程中会吸收光,进而干扰光敏聚合物中正常的化学变化。溶剂的蒸发能更好地使光刻胶和晶圆表面黏结。软烘焙方法一般用三种热传递方法:热传导、热对流和辐射。所采用的设备有对流烘箱、手工热板、内置式单片晶圆热板、移动带式热板、移动带式红外烘箱、微波烘箱、真空烘箱等。表 4.1 列出了各种不同的软烘焙方式。

表 4.1　软烘焙方式表

方法	烘焙时间 / min	温度控制	生产率类型	速度 / 片·h⁻¹	排队
热板	5～15	好	单片（小批量）	60	是
对流烘箱	30	一般（好）	批量	400	是
真空烘箱	30	差（一般）	批量	200	是
移动带式红外烘箱	5～7	差（一般）	单片	90	否
导热移动带	5～7	一般	单片	90	否
微波	0.25	差（一般）	单片	60	否

　　(4)对准和曝光(A&E)。该步骤是为了将图形准确转移到光刻胶涂层上,是获得正确的器件电路的关键。对准机主要完成两个工作,一是要把图形在晶圆上准确定位;二是将辐射光线导向到晶圆表面上。选择和比较对准机有 6 个标准,包括分辨力/分辨极限、对准精度、污染等级、可靠性、产率和总体所有权成本(COO)。对准时通常是把第一个掩膜板上的 Y 轴与晶圆上的平边呈 90°放置,接下来的掩膜都用对准标记与上一层带有图形的掩膜对准。

　　曝光是使涂覆在衬底表面的光刻胶在光照条件下发生化学反应,固体部分光刻胶为后续显影形成光刻胶图形做准备。曝光是在光刻机上完成的,光刻机有两种类型:光学和非光学。具体分类如下所示:

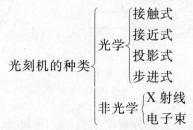

$$
\text{光刻机的种类}\begin{cases}\text{光学}\begin{cases}\text{接触式}\\\text{接近式}\\\text{投影式}\\\text{步进式}\end{cases}\\\text{非光学}\begin{cases}\text{X 射线}\\\text{电子束}\end{cases}\end{cases}
$$

　　在光刻过程中,常采用的光学曝光方法有两种:遮蔽式(shadow)和投影式(projection)曝光,又分别称接触式曝光和非接触式曝光。对于接触式曝光,掩膜板与晶圆表面是贴紧的,有时候还需要在抽空的环境下进行,这样能够使得曝光效果更好。接触式曝光具有分辨率高,复印面积大,复印精度好,曝光设备简单,操作方便和生产效率高等特点。但容易损伤,玷污掩膜板和晶圆表面的感光胶涂层,影响成品率和掩膜板寿命,对精准度的提高也受到较多的限制。一般认为,在微米级以上的叉指换能器图形的制作过程中可以采用接触式曝光。非接触式曝光主要指投影曝光。在投影曝光系统中,掩膜图形经光学系统成像在感光层上,掩膜与晶圆表面上的感光胶层不接触,不会引起损伤和玷污,成品率较高,对准精度也较高,能满足制作各亚微米甚至叉指条更小的叉指换能器图形的制备要求。但投影曝光设备复杂,技术难度高,因而不适用于低档产品的生产。

在非光学曝光的方法中采用比较多的是电子束曝光。这种技术主要用来制作高质量、细指条的光刻胶图形。用电子束曝光的方法时,不需要掩膜板,这样一些由掩膜板引起的缺陷就被消除了。电子束光刻一般采用直接书写式,计算机中存有 CAD 直接设计晶片的图形,由计算机控制电子束开关和导向。电子束被偏转系统导向到需要曝光的位置,然后电子束被打开,使相应的部位光刻胶曝光。衬底被固定在 X—Y 载台上,载台连同衬底在电子束下移动直到全部曝光完毕。电子束扫描方式分为光栅式和矢量式,如图 4.8 所示。光栅式是电子束从晶片一边扫描到另一边,其方向和电子束开关由计算机控制。它的缺点是费时,因为电子束要扫描整个晶片。对于矢量式曝光,电子束直接移到需要曝光的地方,在每一个需要曝光的地方,曝出一个个小的矩形或长方形,用它们组成需要的图形。目前,很多时候会结合电子束曝光和光源曝光两种方法来制备光刻胶图形。

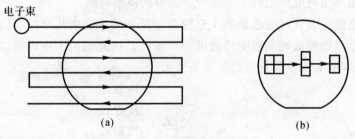

图 4.8　电子束扫描方式

(a)光栅式;(b)矢量式

电子束曝光技术是迄今为止分辨率最高的一种曝光手段,是进行纳米级超微细加工的主导技术之一,是目前国际上相当活跃的研究领域。电子束曝光的分辨率主要取决于束斑的大小和抗蚀剂的分辨率。例如,JBX—5000LS 电子束曝光机理论上的极限束斑为 8 nm,其极限曝光分辨率为 30 nm。但要达到这一极限曝光分辨率面临多方面的挑战。其中,首先,高能入射电子在抗蚀剂中的前散射和衬底的背散射引起的邻近效应,是影响电子束曝光分辨率最关键的因素;其次,电子束曝光的工艺敏感性及其与后续刻蚀工艺的相容性问题都是十分关键的问题。要达到几十纳米的分辨率必须采用超薄胶(一般胶厚小于 100 nm),但后续的器件制造工艺要求胶厚>400 nm。采用电子束曝光制备高频声表面波器件时,有时候要对小于 200 nm 密集叉指换能器和毫米级汇流条同时曝光,这样的曝光难度非常大。因此,要曝光出良好的图形,就必须对电子束抗蚀剂的性能进行广泛研究,同时采用分层分剂量的方法进行邻近效应修正电子束直写技术。

(5)显影。该步骤是通过对未聚合光刻胶的化学分解来使器件图案显影。显影方法有两种:湿法显影和干法显影。湿法显影包括沉浸法、喷射显影法、混凝显影法等。沉浸法虽然简单,但该工艺容易导致其他问题出现(见表 4.2)。因此,喷射显影法更受欢迎。

表 4.2　沉浸法中出现的问题

	1	液体的表面张力阻止了化学液体进入微小开孔区
	2	部分溶解的光刻胶块会粘在晶圆表面
	3	很多晶圆处理过后化学液池会被污染
沉浸工艺中的问题	4	当晶圆被提出化学液面时会被污染
	5	显影液(特别是正显影液)随着使用会被稀释
	6	为了消除 1、2、3 的问题需要经常更换化学液,从而增加了成本
	7	室温的波动改变溶液的显影率
	8	晶圆必须被迅速地送到下一步进行干燥,这就增加了一个工艺步骤

喷射显影(见图 4.9)可在单一或批量系统中完成。在单一晶圆配置中,晶圆被真空吸在吸盘上并旋转,同时显影液和冲洗液依次喷射到晶圆表面,冲洗之后晶圆吸盘高速旋转使晶圆被甩干。这种方法主要适用于负光刻胶,对于正光刻胶一般用混凝显影技术,它与喷射显影的区别是用于晶圆的显影化学品不同。

干法显影,又称等离子体显影,它是用氧等离子体去除掉光刻胶化合物的曝光部分或未曝光部分。

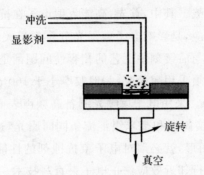

图 4.9　喷射显影和冲洗

（6）硬烘焙。该步骤的作用和软烘焙一样，即通过溶液的蒸发来固化光刻胶，它能使光刻胶和晶圆表面有良好的粘贴。一般硬烘焙是 $130\sim200$ ℃，进行 30 min。该步骤应在显影后或刻蚀前立即进行，几个工艺流程如下所示：

$$
硬烘焙工艺流程\begin{cases}显影\to 检验\to 硬烘焙\to 刻蚀\\ 显影/烘焙\to 检验\to 刻蚀\\ 显影/烘焙\to 检验\to 重新烘焙\to 刻蚀\end{cases}
$$

（7）显影检验（DI）。这是完成光刻掩膜工艺的第一次质检，它主要是区分那些有很低可能性通过最终掩膜检验的晶圆，提供工艺性能和工艺控制数据，分拣出需要重做的晶圆。对于在光刻胶上有光刻图案问题的晶圆，可通过去掉光刻胶的办法重新进行工艺处理，工艺处理过程如图 4.10 所示。

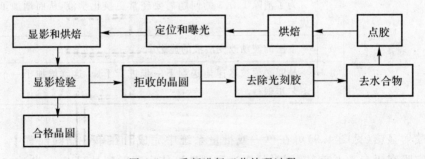

图 4.10　重新进行工艺处理过程

显影检验的方法有两种：人工检验和自动检验。其中，人工检验的步骤有 3 步，如表 4.3 所示。

表 4.3 显影的检验步骤

步骤	检查内容	方法
1	污点或大的污染	裸眼或 UV 光
2	污点或大的污染 图案不规则 定位不准	100～400 倍显微镜 SEM、AFM 或自动检验设备
3	微观尺寸	显微镜、SEM 或 AFM

(8)刻蚀。采用光刻工艺只要在显影后采用去胶剂剥离就可以得到所需的金属叉指换能器图形,而采用刻蚀工艺在显影后接着就要刻蚀。刻蚀是利用化学的、物理的或同时使用化学物理的方法有选择性地把未被电子束胶掩蔽的部分去除,从而最终实现图形的转移。

刻蚀是一道十分关键的工艺步骤,很多原来曝光显影后完好的指条图形,由于刻蚀的不成功而破坏了图形,影响了器件的制作。如图 4.11 所示,在(a)中,白色的是指条部分,黑色的是指条间隔,可以看到设计时等宽的指条及间隔在刻蚀后指条明显宽于间隔,这表明刻蚀不够;在(b)中,黑色是指条,白色是间隔部分,可以看到指条较细,这表明刻蚀程度过大;刻蚀程度掌握不好,还会造成指条断裂、基板损坏发黑等十分不利的情况,如(c)所示。这些情况造成的直接后果就是无法激励声表面波,器件没有信号通过。

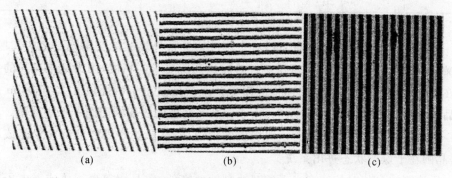

(a)　　　　　　　　(b)　　　　　　　　(c)

图 4.11 刻蚀不成功示意图

(a)指条宽于间隔;(b)指条窄于间隔;(c)指条发黑

刻蚀分湿法刻蚀和干法刻蚀两种,详细分类如下所示:

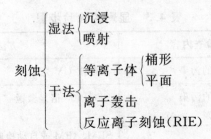

1)湿法刻蚀是使用液体刻蚀剂沉浸的技术。首先把晶圆沉浸于装有刻蚀剂的槽中,经过一定的时间,然后传送到冲洗设备中去除残余的酸,最终冲洗和甩干。表 4.4 为湿法刻蚀工艺一些常用的半导体膜及其刻蚀剂。

表 4.4　湿法刻蚀工艺小结

	通用刻蚀剂	刻蚀温度	速率/$(Å \cdot s^{-1})$	方法
二氧化硅	$HF : NH_4F(1 : 8)$	室温	700	浸泡和湿化剂预浸泡
	乙酸 : $NH_4F(2 : 1)$	室温	1 000	浸泡
铝	$H_3PO_4 : HNO_3 :$ 乙酸 : 水 $(16 : 1 : 1 : 2)$	40~50℃	2 000	浸泡和搅动
				喷射
氮化硅	H_3PO_4	150~180℃	80	浸泡
多晶硅	$HNO_3 :$ 水 : HF $(50 : 20 : 3)$	室温	1 000	浸泡

湿法刻蚀时,侧向腐蚀较严重,对于刻蚀铝叉指换能器就会出现更多的问题。当叉指条宽度小于 1 μm 时,湿法刻蚀难以达到所要求的精度,因为又细又长的指条在刻蚀中很容易发生断指、连指的现象。湿法刻蚀用于特征尺寸大于 3 μm 的产品,如果特征尺寸低于此水平时,由于控制和精度的需要就用到了干法刻蚀。

2)干法刻蚀是指以气体为主要媒质的刻蚀技术,晶圆不需要液体化学品或冲洗,晶圆在干燥的状态进出系统。

干法刻蚀是相对传统意义上的湿法刻蚀而言的,它是用等离子体或者电子束来进行刻蚀的一种技术。目前,常用的比较有代表性的干法刻蚀有化学干法刻蚀(Chemical Dry Etching,CDE)、反应离子刻蚀(Reactive Ion Etching,RIE)、离子束刻蚀(ion-beam etching)、磁控增强 RIE 刻蚀等。

反应离子刻蚀,又称反应性溅射腐蚀或复合干法腐蚀,它是在比等离子腐蚀更低的压力(1.3～130 Pa)下进行的,反应气体通过放电产生各种活性等离子体,靠射频溅射使活性离子作固有的定向运动,产生各向异性腐蚀。同时,活性离子在电场作用下加速化学反应过程,获得高速腐蚀的特点。由于这种腐蚀既有化学作用,又有物理作用,所以能获得良好的腐蚀效果,可以刻蚀亚微米线条,在大规模集成电路制造工艺中得到了广泛应用,特别是用来刻蚀 Al 和 SiO₂。图 4.12 为NEXTRAL R860L 型的单片刻蚀结构。样品放置在加有高频的阴极上,当高频电场使通入的反应气体电离后,刻蚀过程开始。

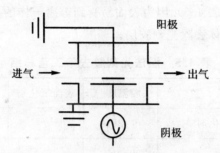

图 4.12　NEXTRAL R860L 型单片刻蚀结构

反应离子刻蚀主要依赖于活性刻蚀剂,气体的离子和游离基与基片之间的化学反应,这些活性粒子所具有的能量主要损耗于化学反应,所以物理轰击能量稍小,因而对器件的损伤较小。当打开射频电源,出现辉光放电时,等离子体中的一定量的带电粒子轰击基片表面,同时,大量的游离基与基片表面发生强烈的化学反应。因此,反应离子刻蚀既有化学作用,也有物理溅射作用,这样就在化学反应的同时又能随时清除基片表面的氧化物、阻挡层及图形沟道中的刻蚀产物。根据实施刻蚀工艺的粒子的能量范围,目前比较一致的看法认为,固体表面的等离子体刻蚀有四种基本过程①自由基的化学反应;②离子的化学反应;③纯物理溅射;④活性粒子的反应溅射。

对于 Al 金属薄膜的反应离子刻蚀,刻蚀气体通常采用氯气或含氯气体,如 Cl₂,BCl₃,CCl₄,CF₄,SF₆。其中常用 BCl₃,CCl₄,它们在高频电场中被分解成 BCl₃→BCl₂ ＊ ＋Cl ＊ 和 CCl₄→CCl₃ ＊ ＋Cl ＊,这些活性的 Cl ＊ 与 Al 反应为 Al＋3Cl ＊ →AlCl₃。而其中的 CCl₃ ＊ ,BCl₂ ＊ 能腐蚀 Al 表面的 Al₂O₃,Cl ＊ 是腐蚀 Al 的主要活性基,腐蚀后生成易挥发的 AlCl₃,有时为了提高铝的腐蚀速率,通常在反应中加入适量

的 Cl_2，再加入适量的惰性气体 He，能增加腐蚀的可控性和均匀性。在干法腐蚀后的芯片表面，经常可看到 Al 的后腐蚀现象，这是由于腐蚀后残留在片子表面的 $AlCl_3$ 吸收了大气中的水，分解成盐酸造成的。可在正常的腐蚀结束后加入适量的 SF_6 继续反应，就会形成不易与水反应的氟化铝。这样可起到钝化作用。在批量生产中需要的是一个稳定成熟的工艺条件，由于反应过程是一个物理化学过程，良好的选择比较困难，工艺参数也较难控制。怎样通过工艺调配建立一个良好的选择，对于微细线条的刻蚀是很重要的。

（9）去除光刻胶。当完成以上步骤时，需要去除光刻胶。前线工艺中，常用到的是湿法化学工艺（见表 4.5），因为表面易受到等离子体的损伤，所以在后续工艺中，常用氧化等离子气体去除光刻胶层。

表 4.5　湿法光刻胶去除工艺总结

	去除剂化学品	去胶温度/℃	表面氧化物	金属化	光刻胶极性
酸	硫酸＋氧化剂	125	√		＋/－
	有机酸	90～110	√	√	
	铬/硫酸溶液	20	√		
溶液	NMP/Alkanolamine	95		√	
	DMSO/Monothanolamine	95		√	
	DMAC/Diethanolamine	100		√	
	Hydroxylamine(HDA)	65		√	

（10）目检。这是光刻工艺的最终步骤，它可以用来证明送到下一步的晶圆的质量，并充当显影目检有效性的一个检验。它和显影检验的方法类似，首先在入射白光或紫外光下对晶圆做表面目检，以检查污点和大的微粒污染。之后用显微镜检验或自动检验来检验缺陷和图案变形。表 4.6 列出了一些最终目检时被拒收晶圆的原因。

表 4.6　最终目检中拒收原因

可能的工艺问题	污染	定位不准	底切	不完全刻蚀	掩膜错误	针孔	CD问题	
受污染的刻蚀	√		√	√				
受污染的去胶	√							
受污染的水	√							
冲洗不足	√		√					
无湿				√				
欠刻蚀				√			√	目检拒收
过刻蚀			√				√	
错误刻蚀			√				√	
过高硬焙烤			√				√	
显影不好			√				√	
P_2O_5 & SiO_2			√				√	
B_2O_3 & SiO_2				√			√	
低硬焙烤			√					
未做显影目检		√	√	√	√	√		

经过上述工艺流程后,即得到叉指换能器。

5. 压电薄膜器件近期研究进展

湖北大学物理学与电子技术学院熊娟、顾豪爽、胡宽等人运用 Mason 一维等效电路模型模拟了不同级数的梯形体声波滤波器的传输特性。他们讨论了谐振器级联数对滤波器插入损耗和带外抑制的影响,以 AlN 薄膜为压电材料,采用微机电系统(MEMS)工艺流程制备了 3 级梯形结构的滤波器,用扫描电镜照片(SEM)和网络分析仪表征了器件的结构和传输响应特性。测试结果表明,所制备的滤波器结构完整,图形整齐,并得到滤波器的带宽为 180 MHz,带外衰减为 -10.12 dB,插入损耗为 -5.15 dB[2]。相关结果如图 4.13 至图 4.15 所示。

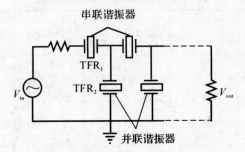

图 4.13　梯形 FBAR 滤波器的级联拓扑图

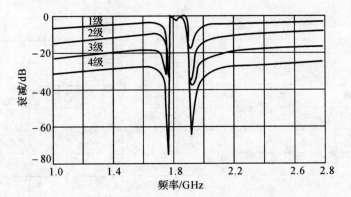

图 4.14　不同级数的梯形 FBAR 滤波器的传输响应曲线

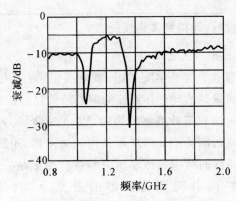

图 4.15　基于 AlN 薄膜的 BAW 滤波器的传输响应曲线

大连理工大学精密与特种加工教育部重点实验室杜立群、高晓光、董维杰等人，介绍了一种基于 PZT 薄膜的无阀压电微泵。该微泵利用聚二甲基硅氧烷 (PDMS)作为泵膜，自制的压电圆型薄膜片作为驱动部件，采用收缩管/扩张管结构，压电圆型致动片和 PDMS 泵膜的组合可产生较大的泵腔体积改变。在对微泵制备工艺研究的基础上，对其性能进行了实验研究。结果表明，电压和频率对流速均有显著影响。在 7.5 V、180 Hz 的正弦电压驱动下，该压电微泵的最大输出流速为 2.05 $\mu L/min$。他们制作的微泵具有流量稳定，驱动电压较低，性能稳定可靠和易控制等优点，可满足微流体系统的使用要求[3]。无阀压电微泵结构、工作原理及光刻工艺过程如图 4.16 至图 4.18 所示。

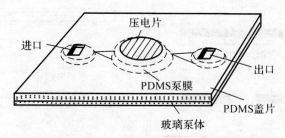

图 4.16　无阀压电微泵结构

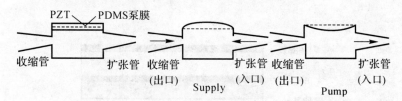

图 4.17　无阀微泵工作原理示意图

江苏常州轻工职业技术学院赵东升利用 28 μm 厚的 4 层结构的 PVDF 压电薄膜制作传感器，传感器表面电极形状的制作用了剪切加丙酮腐蚀的方法，保证了传感器有一定的非金属化的边缘。对于电极的引出设计是将传感器上、下电极面引脚错开，引出电极是比较容易做到的穿透式，用了压接端子压接和空心小铆钉铆接两种方法[4]。PVDF 薄膜结构及传感器制作流程如图 4.19 至图 4.21 所示。

中国电子科技集团公司第 26 研究所刘彪、张晓容，易平等人，研究了基于 ZnO 压电薄膜结构的 1 GHz 声光偏转器。他们通过采用半导体工艺流程制备器件，并利用射频网络分析仪对实验器件进行了测试，得到了器件达到的性能指标，中心频率 1.05 GHz，带宽 500 MHz，衍射效率 1%，渡越时间 1.5 μs[5]。声光偏转器基本原理图、换能器结构和制作流程如图 4.22 至图 4.25 所示。

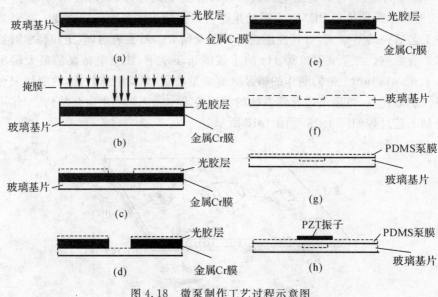

图 4.18　微泵制作工艺过程示意图

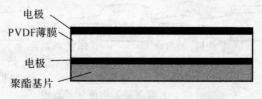

图 4.19　PVDF 薄膜的结构示意图

图 4.20　用 PVDF 压电薄膜制作传感器的简单工艺流程

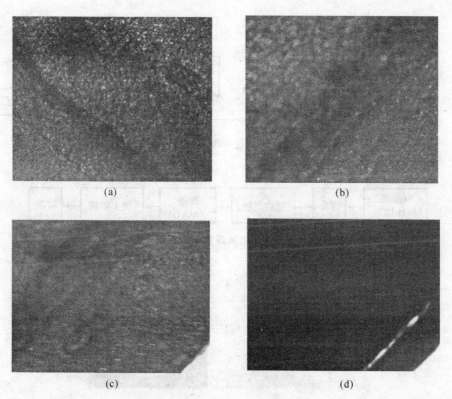

图 4.21 显微镜下看到的制作中出现的问题

(a)腐蚀到不应该腐蚀的地方;(b)腐蚀的边缘堆积;

(c)腐蚀的边缘有残留;(d)不注意造成的微小划痕

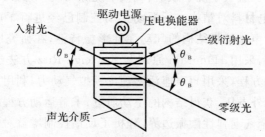

图 4.22 声光偏转器的衍射原理图

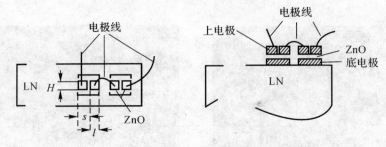

图 4.23　平面一级超声跟踪的换能器片结构

图 4.24　ZnO 压电薄膜换能器的制作流程

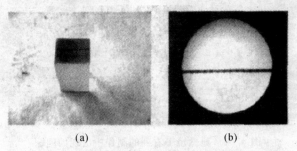

（a）　　　　　　　　　　（b）

图 4.25　制作的 ZnO 压电换能器和器件

（a）制作的器件；（b）显微镜下换能器图形

　　哈尔滨工业大学航天学院李凤明、机械学院陈照波,中国人民解放军驻 122 厂崔玉波,对采用压电材料对结构进行振动主动控制已经进行了广泛研究。他们采用压电材料改进超声速壁板结构的气动弹性颤振特性,在研究中考虑压电材料力电耦合效应的影响,采用 Hamilton 原理和 Rayleigh-Ritz 方法建立壁板及压电材料整体结构的运动方程,采用超声速活塞理论模拟气动力,利用加速度反馈控制策略对压电材料施加外电压,获得结构的主动质量;求解运动方程的特征值问题获得固有频率,进而确定气动弹性颤振边界,分析了反馈控制增益对超声速飞行器壁板结构主动颤振特性的影响。研究表明,采用压电材料可以提高超声速壁板结构的气动弹性颤振特性[6]。平板和压电材料结构系统及相关研究结果如图 4.26 至图 4.27所示,平板结构固有频率如表 4.1 所示。

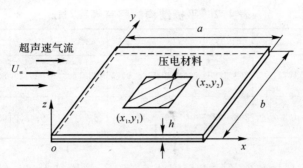

图 4.26　超声速流场中的平板和压电材料结构系统

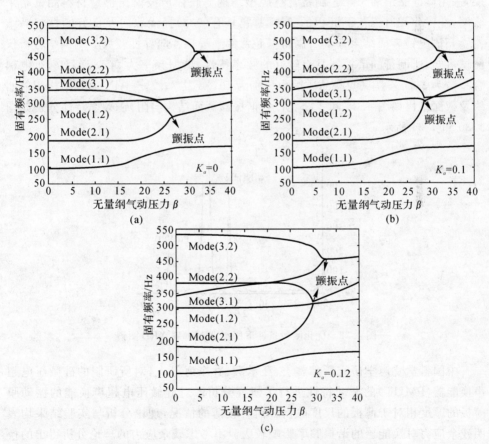

图 4.27　超声速平板和压电材料结构系统的固有频率随
无量纲气动压力的变化曲线

表 4.7　平板结构的固有频率/Hz

模点	(1,1)	(2,1)	(1,2)	(3,1)	(2,2)	(3,2)	(1,3)	(2,3)	(3,3)
理论解[15]	87.2396	167.7685	268.4296	3014.9833	348.9585	483.1733	570.4129	650.9418	785.1566
结果	87.2397	167.7686	268.4293	301.9835	348.9581	483.1727	570.4130	650.9419	785.1567

　　湖北大学物理学与电子技术学院叶芸、吴雯、刘婵等人,以 AlN 薄膜为压电层,采用体硅微细加工工艺制备背空腔型结构薄膜体声波谐振器。材料测试结果表明,在优化溅射工艺下沉积的 AlN 薄膜具有(002)择优取向及良好的柱状晶结构。扫描电镜表征结果证实所制得空腔背部平滑且各向异性较好。用网络分析仪测试可知,所制得的谐振器具有较好的频率特性,谐振频率为 2.537 GHz,机电耦合系数为 3.75%,串、并联品质因数分别为 101.8 及 79.7。[6] AlN 薄膜结构衍射曲线及截面结构如图 4.28 和 4.29 所示,谐振器截面结构与阻抗-频率特性分别如图 4.30 和 4.31 所示。

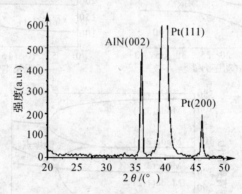

图 4.28　优化溅射条件下所制 AlN 薄膜 XRD 图谱

　　中国科学院声学研究所郝震宏、汪承濒、乔东海等人,对所研制的硅微压电超声换能器(PMUT)的振动特性进行了研究分析。对硅微压电超声换能的振动膜薄板的厚度相对于薄板的尺度(边长)而言较薄的情况,理论分析与实验结果均表明残余应力对换能器的谐振频率影响较大。不考虑残余应力的理论分析得出的换能器谐振频率与器件的实验测量的结果相差较大,而考虑残余应力的分析给出的谐振频率结果与实验结果是符合的。笔者还对所制作的硅微压电超声换能器的谐振频率及导纳进行测量,并给出其等效电路参数。其中振动膜边长为 1 mm 的换能器的谐振频率为 71.25 kHz。最后对其进行了简单接收发射实验,测得谐振频率处的接收灵敏度为 −201.6 dB,发射电压响应约为 137 dB[8]。硅基微型压电超省换能器示意图、换能器振动理论仿真图、硅基底刻蚀流程、换能器外观与等效电路,以及换能器接收灵敏度等相关结果如图 4.32 至图 4.42 所示。

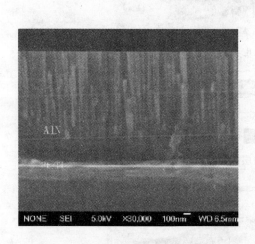

图 4.29　AlN 薄膜的截面 SEM 图

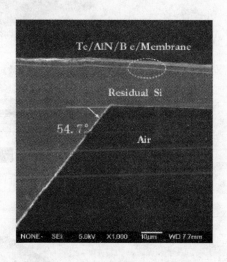

图 4.30　谐振器截面 SEM

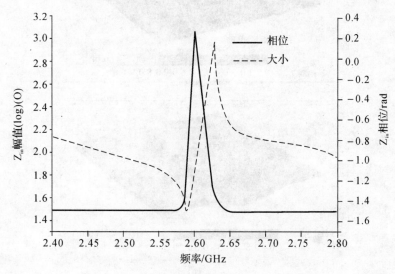

图 4.31　薄膜体声波谐振器的阻抗-频率特性

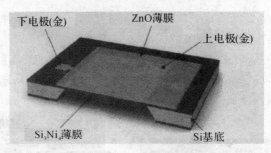

图 4.32　硅微压电超声换能器示意图

图 4.33　复合四层振动膜剖面示意图

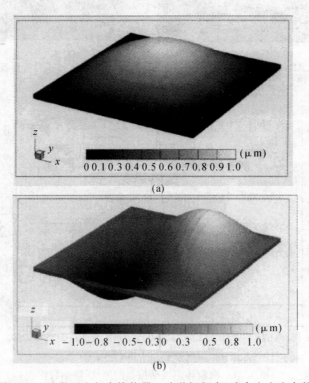

图 4.34　硅微压电超声换能器一阶谐振频率,残余应力为参数

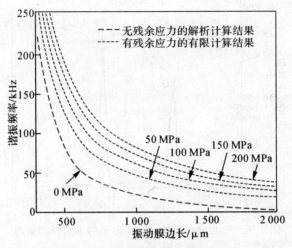

图 4.35 振动膜的振幅分布

(a)一阶谐振模式;(b)二阶谐振模式(f_{12}或 f_{21})

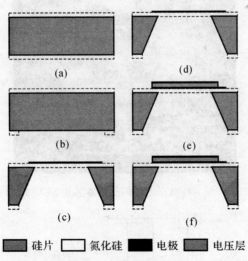

图 4.36 硅微压电超声换能器的工艺流程

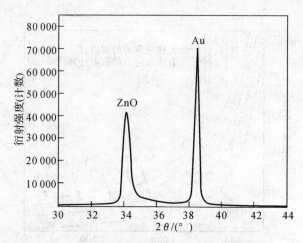

图 4.37　压电薄膜 ZnO 和 Au 电极的 X 射线衍射图

图 4.38　硅微压电超声换能器芯片 SEM 照片

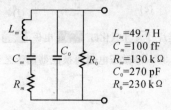

图 4.39　硅微压电超声换能器集中参数等效电路

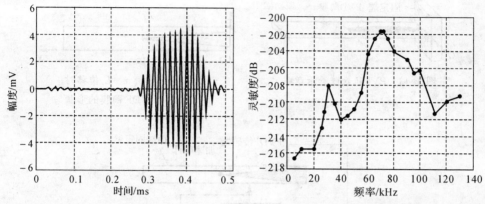

图 4.40　硅微压电超声换能器接收信号波形　　图 4.41　硅微压电超声换能器油
中接收灵敏度曲线

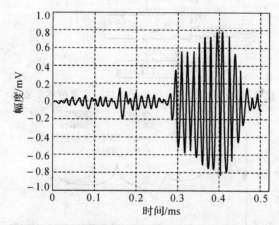

图 4.42　硅微压电超声换能器在油中发射时,标准水听器接收信号波形

　　南昌航空大学飞行器工程学院毛崎波,通过分步积分方法设计特定形状的 PVDF 薄膜测量其结构位移。这种分步积分方法得到的 PVDF 位移传感器形状不但与外激励力的性质(如激励力类型、位置以及频率等)无关,而且不需要振动梁的模态信息。实验结果表明这种位移传感器的设计是可行的[9]。PVDF 薄膜结构悬臂梁及测量传感器示意图,以及不同激励对传感器测试的影响结果如图 4.43 至图 4.46 所示。

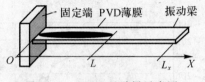

图 4.43　PVDF 悬臂梁示意图

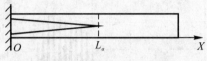

图 4.44　测量 $x = L_a$ 位移时 PVDF 薄膜的形状

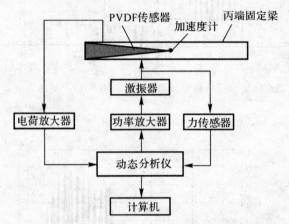

图 4.45　通过 PVDF 传感器测量固定梁位移示意图

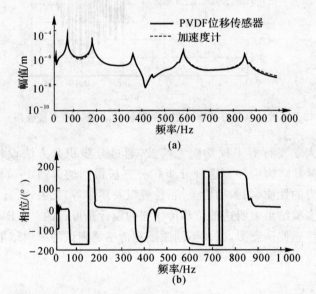

图 4.46　激励力位于 $x_d = 330$ mm 处时 PVDF 位移传感器与加速度计测结构比较

　　开普半岛理工大学机械工程系孙博华、韩立锋等人,研究压电薄膜微机电加速度传感器。他们对双层压电薄膜微机电加速度传感器进行静力分析,得到传感器方程,并进行数值计算。结果表明,随着压电薄膜厚度的增大,灵敏度随之增大,在一定厚度下达到最大值;随着厚度的进一步增大,灵敏度反而减小。然后进行动力分析,得到噪声、质量因子、最小可测信号等技术参数,并进行了数值计算,运用ANSYS 软件进行谐响应分析,得到不同频率下结构的动力响应曲线[10]。压电薄膜微机电加速度传感器结构示意图及等效电路如图 4.47 至图 4.49 所示,传感器振动模态及梁的模型与结构分析如图 4.50 至图 4.52 所示,传感器灵敏度随梁的几何尺寸变化结果如图 4.53 至图 4.57 所示。

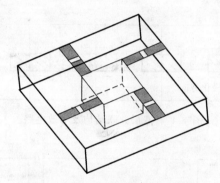

图 4.47　加速度传感器结构图

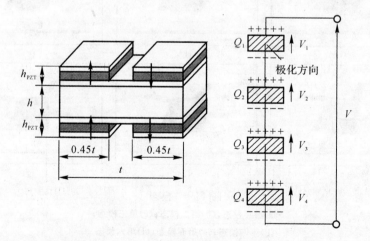

图 4.48　双层串联结构及等效电路

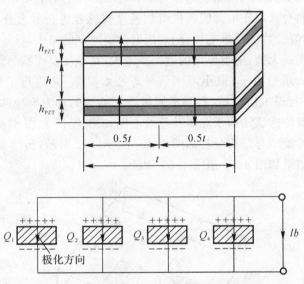

图 4.49　双层并联结构及等效电路

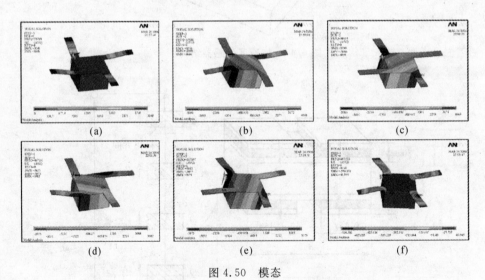

图 4.50　模态

(a)第一模态；(b)第二模态；(c)第三模态；

(d)第四模态；(e)第五模态；(f)第六模态

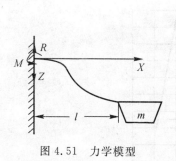

图 4.51 力学模型

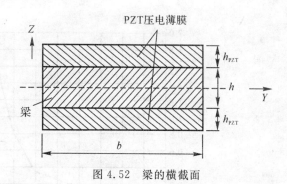

图 4.52 梁的横截面

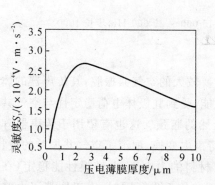

图 4.53 灵敏度随压电薄膜厚度变化曲线

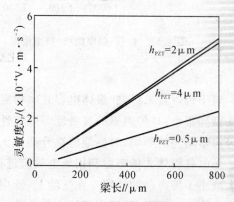

图 4.54 灵敏度随梁长度变化曲线

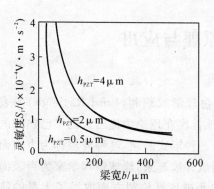

图 4.55 灵敏度随梁宽度变化曲线

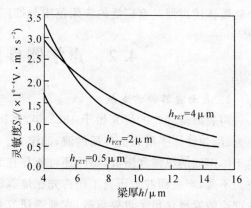

图 4.56 灵敏度随梁厚度变化曲线

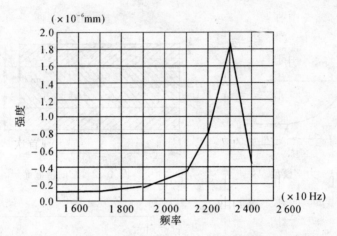

图 4.57　位移-频率曲线(频率范围：15 000～ 25 000 Hz,步长 1000)

6. 结论

对于传声器来讲,驻极体电容式结构需要较大的空气共振腔,其传声器的体积无法做到很小;且传声器的灵敏度等电声性能,受到驻极体电荷稳定性与空气共振腔等声学结构的影响,对性能的提升造成天然的瓶颈。这也有望用于传声器阵列中。压电驻极体式传声器利用压电效应进行声电变换,取消了空气共振腔的设计,大大减小了传声器的体积。在性能上,压电材料的力电/声电转换性能稳定(在多孔聚合物上表现为,薄膜内部的电荷稳定,不容易丢失);同时,由于取消了电容式的声电变换结构,使零件数目减少,制造工艺简单化,成本低廉。这些特性均使压电驻极体传声器具有广泛的应用范围与推广价值。

4.2　声学器件原理与应用

1. 表面波器件的发展

声表面波理论的研究始于 1885 年,英国物理学家瑞利(Lord Rayleigh)发表题为《沿弹性体平滑表面传播的波》的论文。他首次在理论中提出人们早已熟知的属于体声波的纵波和横波以外,还可能存在另一种形式的波,这种波被称为声表面波。不久,声表面波的研究工作首先在地震领域开展起来,地球物理学家为声表面波理论的发展作出了重要贡献,在地震研究和非破坏性检测方面取得了大量的研究成果。东京地震研究所在 20 世纪 20 年代对声表面波的研究表明,在声表面波中存在更高频率的谐波,其中一个很重要的谐波称为 Sezawa 波,这种波被广泛应用于声表面波器件中。期间,声表面波也成功应用于非破坏性探测,如表面附近的裂隙探测。

将声表面波应用于电子产品是源于雷达的需要,雷达在第二次世界大战中产生,正是雷达与电子对抗技术迅速发展的需求大大推动了声表面波在电子器件方面的应用研究。

1965 年,加利福尼亚大学的怀特(White)和沃尔特默(Voltmer)发明了一种最有效地激励和检测声表面波的叉指换能器。叉指换能器的出现首次让声表面波正式登上电子学舞台。声表面波器件最早都是用来满足国防军事领域需求的。主要的三大类器件为声表面波信号处理器件、声表面波频率选择和控制器件、声表面波传感器,还有一类器件为基础开发的功能模块或子系统。

声表面波信号处理器件相对于数字技术来说,具有处理速度高、处理带宽大、处理功能强的优势,因此在国内外受到广泛关注。声表面波信号处理器件主要包括声表面波延迟线、声表面波卷积器等;声表面波频率选择及频率控制器件主要包括 SAW 滤波器、SAW 振荡器等。

如果作为频控元件的 SAW 元件(SAW 延迟线或谐振器)受到力、电、磁、热的作用,会直接引起 SAW 振荡器的频率变化;当在频控元件表面沉淀一层对某种化学成分敏感的薄膜,其声阻抗将随该成分浓度变化,振荡器频率亦会随之变化。这便是 SAW 传感器的基本工作原理。SAW 传感器是近年来广受关注的一种新型声表面波器件,迄今为止已研发出力学、热学、电学、磁学、化学(包括生物化学)等多功能的 SAW 传感器,已有部分传感器进入了商业化应用阶段。

2. 体声波谐振器研究现状与发展

在 20 世纪 60 年代,就出现了体声波谐振器的概念。1965 年,Newell 制成了第一个布拉格反射层式的体声波谐振器[11]。1967 年,Slicker 和 Roberts 利用 CdS 薄膜制成了薄膜谐振器[12]。1980 年,Lakin 和 Wang 首次制成了基频为 435 MHz 的薄膜谐振器[13]。1990 年,Krishnaswamy 和 Rosenbaum 首次将 BAW 结构的滤波器扩展到 GHz 范围[14]。而到了 1999 年,Angilent 公司的 Ruby 等人成功的研发出应用于美国 PCS1900 MHz 频段的 FBAR 双工器[15],并于 2001 年正式批量生产。2005 年,Avago 公司接手了 Angilent 公司的半导体事业部,截止到 2006 年 1 月,其 FBAR 生产量高达 2 亿余只,主要面向手机和数据卡市场,其最新的 ACMD-7402 双工器仅为 $(3.8 \times 3.8 \times 1.5) \text{mm}^3$,如图 4.58 所示[19]。

继 Angilent 之后,德国的 Infineon 公司和荷兰的 Philips 公司都推出拥有自己专利的 FBAR 产品,其产品分别如图 4.59(a)和(b)所示[16]。

图 4.58　双工器

(a)第一代产品 HPMD‑1904；(b)最新产品 ACMD‑7402

图 4.59　FBAR 产品

(a) Infineon 公司产品；(b) Philips 公司产品

除以上公司外，韩国的三星，芬兰的诺基亚，美国的摩托罗拉和日本的 TDK 等公司也都投入研究 FBAR，而美国的麻省理工学院、南加州大学，日本的 Tohoku 大学，中国台湾的成功大学等大学也对 FBAR 进行了研究[17‑19]。

国内大陆 FBAR 的研究主要集中在清华大学、浙江大学和南京大学。例如，清华大学的刘燕翔和于毅等人，浙江大学的金浩，南京大学张辉等人对 FBAR 进行了理论研究或器件制作[11,16,20‑23]。

FBAR 的研究重点主要集中在理论模拟与分析、工艺制备方法和应用拓展等领域，其中理论研究主要包括谐振机理分析、仿真模型建立等，工艺制备方法主要集中于相关压电薄膜的制备、频率精修、集成工艺和封装方法等，而应用拓展主要是寻求 FBAR 在电子与通信等领域的新的应用[16]。

3. 声学器件材料

不断研制出来的用于声表面波器件的新材料也是促使声表面波器件快速发展起来的重要因素,这些新材料有力地支持了各种 SAW 器件的实现和应用。首先,用来制作声表面波器件的压电材料是石英晶体和铌酸锂晶体。石英晶体的介电系数和压电系数相对较小,机电耦合系数也很小,但是石英晶体具有良好的温度稳定性,非常适合制备温度稳定性要求高的声表面波器件。铌酸锂晶体具有机电耦合系数大、插播损耗小的特点,因此适合制备宽带低损耗的声表面波器件。自 1965年 Ballman 采用提拉法人工生长出大尺寸的铌酸锂单晶以来,这种材料就被广泛应用于声表面波器件。

和铌酸锂单晶相似,钽酸锂单晶也有大的机电耦合系数,而且其声衰减是目前各种压电单晶中最小的。另外,其温度稳定性比铌酸锂单晶要好得多,因此也受到广泛关注。然而刚开始钽酸锂单晶并没有应用到声表面波器件上,其原因是钽酸锂单晶熔点高,生产装置和技术复杂,生产成本高,难以得到大尺寸的钽酸锂单晶。1977 年,日本研究员研究出 X 轴提拉直径 65 mm 的钽酸锂单晶生长技术后,钽酸锂单晶和铌酸锂单晶在生产成本上就可以相互竞争,从而拉开了钽酸锂单晶在声表面波器件上应用的序幕。

20 世纪 80 年代,人们又发现一种新型声表面波器件用压电晶体材料——四硼酸锂。这种压电晶体和石英晶体一样具有良好的温度补偿性,而其机电耦合系数是石英的 10 倍,温度稳定性比铌酸锂还要好,而成本只有钽酸锂的 1/10,是一种综合性能非常优良的压电材料,适合于设计和制作高频、宽频、低插损和高稳定性的声表面波器件。近年来,人们不断开发新型压电单晶材料,如锗酸铋系列压电单晶、硅酸镓镧系列压电单晶等。

除了压电单晶以外,压电陶瓷也是被广泛应用于声表面波器件的压电材料。1971 年,美国首先将锆钛酸铅(PZT)系列的压电陶瓷应用于电视机图像中频滤波器中,打开了压电陶瓷应用于声表面波器件的市场。

20 世纪 60 年代以后,压电和铁电薄膜的生长技术不断提高,使压电薄膜应用于声表面波器件成为可能。1965 年,Foster 和 Rozgony 用金属 Zn 的反应溅射法制备了 ZnO 压电薄膜。不久,在玻璃衬底上沉积的 ZnO 薄膜被广泛应用于廉价的电视机滤波器中,另外也开始利用 AlN,GaN,LiNbO$_3$ 和 LiTaO$_3$ 等压电薄膜制备声表面波器件。1989 年,Nakahat 等人用求解边界方程的方法计算出了声表面波在 ZnO/金刚石和 AlN/金刚石上的传播特性,得到了高达 10 000m/s 的声速和5.8% 的大机电耦合系数,其声速约为传统的 LiNbO$_3$ 等基体声速的三倍多,而机电耦合系数仍与它们在同一个数量级上。这一理论开启了高频金刚石多层薄膜结构声表面波器件的研究。目前，研究比较多的是在金刚石薄膜上沉积 ZnO、AlN、LiNO₃等压电薄膜来制备声表面波器件，其中 ZnO/金刚石的声表面波器件比较成熟，在国外已经实现商业化。目前，在国内也开始深入地研究金刚石多层薄膜声表面波器件。清华大学利用钒、铬、铁、锰等过度金属掺杂改性 ZnO，成功制备出压电系数高达 170 pC/N 的压电薄膜，诠释了压电增强的宏观和微观机制，并以此为基础研制出中心频率达 4.2 GHz 的 ZnO/金刚石声表面波滤波器。相信在不久的将来，各种金刚石多层薄膜声表面波器件会广泛实现商业化应用。

近年来，随着信息技术和通信技术的速发展，声表面波器件的使用频率不断提高，从最初的几兆赫兹发展到现在的几吉赫兹，同时声表面波器件的尺寸也在不断减小，声表面波设计理论也在不断更新。在移动通信中，声表面波器件至关重要。随着移动通信市场引人注目的增长以及人们对高数据传输速率的迫切需求，移动通信载波频率逐渐向 5～10 GHz 高频方向发展。这些高频应用系统的不断发展显著增大了高频声表面波器件的需求量。新一代无线通信，如典型的第三代码分多址（Code Division Multiple Access，CDMA）系统、正在研制的第四代正交频分系统、各类短距离无线末端通信标准等典型的技术特征和主要目的就是向用户提供、具有更大信息传输容量的系统。为此，它们需要占用更大的无线频谱宽度和向更高频段发展，因而在新一代无线通信系统中，其涉及的一切信号处理器件无不具有高频宽带的特点。特别是在以扩频技术为标志的新一代无线电系统中，表面波器件以其大宽带（其相对带宽范围 0.5%～100% 任意设计）、极佳的通带选择性、极小的带内畸变以及具有实时信号处理能力的技术特点而受到系统设计师的广泛青睐，已成为新一代各类宽带无线通信系统中信号前端、中频等信号处理的不可替代的关键器件。向高频、高性能发展，主要有两种方法。一是减小波长，使叉指换能器线条向更细微化方向发展，这种方法只能通过采用高要求的光刻工艺来实现；二是器件表面的声表面波声速向更高方向发展，多采用金刚石多层薄膜就是利用这种方法制备高频的声表面波器件。

参考文献

[1] 潘峰，等.声表面波材料与器件[M].北京：科学出版社，2012.

[2] 熊娟，顾豪爽，胡宽，等.AlN 薄膜体声波梯形滤波器的制备与性能分析[J].压电与声光，2009，31(6)：833-835.

[3] 杜立群，高晓光，董维杰，等.PZT 压电薄膜无阀微泵的制备工艺及实验研究[J].压电与声光，2008，30(4)：492-494.

［4］　赵东升.PVDF压电薄膜传感器的制作研究［J］.常州轻工职业技术学院学报,2006,2:24-27.

［5］　刘彪,张晓容,易平,等.采用ZnO压电薄膜的声光偏转器研制［J］.压电与声光,2012,34(1):21-22,26.

［6］　李凤明,陈照波,崔玉波.采用压电材料提高超声速飞行器壁板结构的颤振特性［J］.固体力学学报,2011,32:214-217.

［7］　叶芸,吴雯,刘婵,等.基于AlN压电层的薄膜体声波谐振器［J］.湖北大学学报(自然科学版),2007,29(2):153-155.

［8］　郝震宏,汪承濑,乔东海.基于ZnO压电薄膜的弯曲振动硅微压电超声换能器的研究［J］.声学学报,2010,35(1):1-8.

［9］　毛崎波.利用高分子压电薄膜设计位移传感器［J］.仪表技术与传感器,2011,6:12-13,19.

［10］　孙博华,韩立锋.压电薄膜微机电加速度传感器的力学分析［J］.上海大学学报(自然科学版),2009,15(6):621-627.

［11］　Newell W E. Face-mounted Piezoelectric Resonators［J］. Proceedings of the IEEE,1965,53(6):575-581.

［12］　Bradley P D,Ruby SM R,Barfknecht A,et al. A 5 mm×5 mm×1.37 mm Hermetic FBAR Duplexer Handsets with Wafer-Scale Packaging［J］.IEEE Ultrasonics Symposium,2002,931-934.

［13］　Lakin K M,Wang J S. Acoustic bulk Wave Composite Resonators［J］. Appl. Phys. Lett. ,1981,39(3):125-127.

［14］　Krishnaswamy S V,Horwitz R J,Horwitz S,et al. Film Bulk Acoustic Wave Resonator Technology［J］.IEEE Ultrason. Symp,1990,1(1):529-536.

［15］　Ruby R,Bradley P,Larson J D,et al. PCS 1900MHz Duplexer Using Thin Film Bulk Acoustic Resonators (FBARs) ［J］. Electronics Letters,1999,35(10):794-795.

［16］　金浩.薄膜体声波谐振器(FBAR)技术的若干问题研究［D］.中国学术期刊博士论文数据库,2006.

［17］　Naik R S. Bragg Reflector Thin Film Resonator for Miniature PCS Band Pass Fillters［J］.MIT,1998.

［18］　Hara M,Kuypers J,Abe T,et al. MEMS Based Thin Film 2GHz Resonator for CMOS Integration［J］.IEEE MTT-S International Microwave Symposium Digest,2003,1797-1800.

[19] Yang C M, Uehara K, Aota Y, et al. Growth of AlN Film on Mo/SiO$_2$/Si
      (111) for 5 GHz-band FBAR Using MOCVD[J]. IEEE Ultrasonics Sym-
      posium, 2004, 165 - 168.

[20] 邹英寅, 王跃林. 体声波复合谐振器新结构的研究[J]. 电子学报, 1994, 22
      (11): 9 - 12.

[21] 刘燕翔, 任天令, 刘天理. 采用 PZT 薄膜的体声波 RF 滤波器设计[J]. 压电
      与声光, 2001, 23(1): 1 - 4.

[22] Zhang H, Wang Z, Zhang S Y. Study on Resonance Frequency Distribu-
      tion of High-overtone Bulk Acoustic Resonators[J]. Chinese Journal of
      Acoustics, 2005, 24(2): 146 - 154.

[23] Jin H, Dong S R, Wang D M. Design of Balance RF Filter for Wireless
      Applications Using FBAR Technology[J]. IEEE International Conference
      on Electron Devices and Solid - State Circuits, 2005.

第五章 薄膜体声波谐振器理论研究

5.1 薄膜体声波谐振器的研究进展与热点

1. 谐振器的分类

谐振器作为一种频率器件,以其谐振功能而被广泛应用于电子、通信、计算机、自动控制以及传感器等行业。从激励机制来分谐振器主要有以下几类:

(1)石英晶体谐振器:利用石英晶体的压电性能产生振动。该类谐振器具有低功耗、高机械品质因数和高温度稳定性等优点。

(2)介电谐振器:利用电磁波在高介电系数材料与空气界面间的往返反射形成固定振荡,具有高机械品质因数和良好的温度稳定性。

(3)声表面波谐振器:利用压电基底或利用非压电基底上的压电薄膜产生声表面波,声波在发射和接收叉指换能器(IDT)间以一定的谐振频率振荡。该类型器件具有体积小,轻便,谐振频率较高(300 MHz~2 GHz),带外抑制性好等优点,可用于半导体集成环境。

(4)空腔谐振器:在空腔中利用电磁波或者声波形成稳定振荡。其优点是原理简单,便于制备,可调频;缺点是体积较大,精度低。

(5)薄膜体声波谐振器:薄膜体声波谐振器利用压电薄膜(例如 PZT、ZnO 和 AlN 等)产生体声波,体声波在薄膜中传播形成振荡。由于薄膜很薄,谐振频率可以达到几 GHz 甚至几十 GHz。薄膜体声波谐振器体积小,便于集成,并具有低功耗、低插损等特性,与声表面波器件相比还具有更高频率和更大的功率承受能力等优点。

2. 薄膜体声波谐振器的研究进展

体声波的概念早在 20 世纪 60 年代就被提出来,最初的目的是拓展石英晶振在高频端的应用。1965 年,Newell 制成了第一个基于布拉格反射层的谐振器。1967 年,Slicker 和 Roberts 报道了 CdS 薄膜谐振器,但是由于当时微细加工技术的制约,体声波谐振器仅是实验室的概念,并未得到足够的重视。压电薄膜声波谐振器的概念是在 1980 年由 3 个研究组各自独立提出来的。最早提出的谐振器为硅背面刻蚀型,ZnO 压电薄膜由一层 P 型掺杂的 Si、SiO_2 或 Si_3N_4 支撑,电极的材料为 Al 或者 Pt。衬底采用(100)取向的 Si,利用 Si 的各向异性刻蚀将压电堆露出,支撑层也作为刻蚀的自停止层。在这些结果发表后,一些研究者也相继报道了 FBAR 相关的各种技术。

1987 年,Toshiba 公司的 Satoh 研究组报道了 FBAR 单片集成电路。他们的器件采用空气隙结构,利用 ZnO 作为压电层,谐振频率为 423 MHz,信噪比为 90 dB。

20 世纪 90 年代,SAW 器件逐渐成熟,基于 SAW 的滤波器和双工器逐渐被广泛应用于无线通信系统中,成为最主要的频率器件。当时 FBAR 的性能尚不足以与 SAW 相比,因而没有引起广泛关注,相关的研究主要来自高校。这种情况在 20 世纪末发生了改变。美国麻省理工学院微系统实验室采用硅刻蚀技术和键合技术,构造出使压电膜悬空的密封腔,得到了基膜中心频率为 1.35 GHz,品质因数为 540,机电耦合系数为 6.4%,插损为 3dB 的 AlN 薄膜体声波谐振器,1998 年,他们利用布拉格反射层技术得到的体声波谐振器谐振频率为 1.8 GHz,带宽为 25 MHz,Q 值为 400。

1999 年,Agilent 公司的 Ruby 研究组首次报道了高性能使用的 FBAR 器件,并开发了应用于美国 PCS 1900 MHz 频段的双工器,在频率 1 900 MHz 附近,接收 Rx 和发送 Tx 两条通信链的隔离可达 60 MHz,隔离频带仅为 20 MHz。这些指标也接近 AMPS,GSM,WCDMA 等通信系统的要求。

Ruby 研究组制作的 FBAR 的特点主要有以下几点:

(1)器件采用空气隙结构,结构上最显著的特点是,金属 Mo 既作为下电极又作为 AlN 薄膜的支撑层,Mo 具有较低的电阻率和较高的硬度,能够有效地提高器件的性能和机械强度。

(2)采用标准硅表面工艺形成空气隙,首先在 Si 衬底上刻蚀出槽,生长 SiO$_2$ 作为牺牲层并进行化学机械抛光,再淀积下电极和 AlN,最后取出 SiO$_2$ 释放器件结构。

(3)上电极采用不规则的形状,任意两边不平行,任意两角不相等,抑制杂波产生。

(4)采用 Si—Si 键合工艺实现器件的封装,最终器件的面积为 0.5 mm×0.5 mm。

另一个有突出意义的成果是 Kerherve 研究组在 2005 年公布的第一款集成 FBAR 滤波器的 WCDMA 接收芯片。该芯片采用 GeSi - Bi CMOS 工艺,虽然只是实验室产品,在工艺复杂度和成本上尚未达到产业化的门槛,但这一成果使 FBAR 的集成化技术向前迈进了一大步。

随着无线通信系统对射频频率要求的不断提高,FBAR 的优势逐渐体现出来。

减小压电薄膜的厚度可以较容易使 FBAR 实现 2～8GHz 的频率,而这正是 SAW 的主要缺点之一。目前,很多半导体厂商和学术机构都投入较大的精力对 FBAR 技术进行研究。除了 Agilent 公司外,德国 EPCOS 公司,日本 Fujutsu 公司、Murata 公司、TDK 公司、Kyocera 公司,韩国 Samsung 公司、LG 公司,美国 Motorola 公司,芬兰 Nokia 公司都参与了 FBAR 相关技术的研究。企业的研究方向主要是基于 FBAR 的通信器件。

学术界的研究更为广泛,在 FBAR 材料的制备和性质、FBAR 的声波传输模型、新型结构器件、FBAR 在传感器方面的应用等方面均有开展。美国麻省理工学院,南加州大学,韩国 ICU 大学,日本 Tohoku 大学,欧洲著名的 MEMS 研究机构 IMEC - MCP 实验室都有研究的报道。国内大陆进行 FBAR 技术研究的单位主要包括浙江大学、清华大学、中科院声学研究所和中科院微系统研究所,另外,我国台湾的国立成功大学、台湾大学等研究机构也广泛地开展了对 FBAR 的研究。

3. 薄膜体声波谐振器的研究热点

作为一种新型的谐振器,薄膜体声波谐振器(FBAR)以其体积小、谐振频率高、承受功率强和易于集成等优点,已广泛应用于电子和通信行业[1-8]。随着应用频段的不断升高,对 FBAR 的谐振频率、机电耦合特性和谐振品质的要求也更苛刻,而如何从理论上预计并评价 FBAR 的制作材料和结构的优化成为 FBAR 研究的热点[9-14]。本章对多种材料和参数组合下的 FBAR 的谐振特性、机电耦合因子以及谐振品质因数进行了研究,所得结论可应用于实际的 FBAR 器件的设计与优化[14]。

随着 FBAR 研究的日益深入和应用领域的不断扩展,已经有大量文献报道了 FBAR 器件相关技术的研究成果。目前的研究热点包括以下几个方面:

(1)FBAR 滤波器、双工器和振荡器。将多个不同谐振频率的 FBAR 级联就可构成射频滤波器。目前,FBAR 滤波器一般采用梯形结构、桥式结构及梯形和桥式结构的组合。梯形 FBAR 滤波器是 FBAR 滤波器主要采用的结构,具有陡峭的抑制响应,但对无用频带的抑制较低。根据桥式结构的传输函数,两个谐振器才能产生一个极和一个传输零点,因而桥式结构采用的 FBAR 数量比梯形结构多。桥式结构 FBAR 滤波器具有较低的滚降系数,但无用频带抑制比梯形结构更高。W - CDMA射频前端 FBAR 滤波器的拓扑结构组合了梯形和桥式滤波器,采用这种组合结构的 FBAR 滤波器可以实现无用频带的高度隔离且在接近阻带的地方实现陡峭的响应。

通过组合发射 Rx 滤波器和接收 Rx 滤波器可以构成双工器。EPCOS 公司设计的概念验证性 PCS - CDMA 双工器的尺寸为 3.8 mm×3.8 mm×1.1 mm,阻带特性达到 10 GHz,频率温度系数为 -20×10^{-6} K。

无线通信对低抖动率时钟和振荡器有着广泛的需求,在 500 MHz～5 GHz 频段内,基于 FBAR 技术实现的振荡器在器件大小、性能和成本等方面具有目前使用的 SAW 振荡器和陶瓷振荡器所无可比拟的优势。Vanhelmont 等人开发的串联振荡器,振荡频率达 2 GHz,尺寸为 2.8 mm×2 mm,工作电流为 1.2～1.5 mA,工作电压＞2.7 V,相位噪声在 10 kHz 和 100 Hz 漂移时分别为 -99 dBc/Hz 和 -120 dBc/Hz,器件集成在子系统封装的射频器件内。最近,振荡频率为 2.5 GHz 和 5 GHz 的 FBAR 振荡器也被报道。

(2)FBAR 品质因数的提高。品质因数 Q 表征了器件声波能量的损失。能量损失越小,Q 值就越大,插入损耗也就越小,滤波器的铜带拐角就越陡。造成声波能量损失的主要原因有:

1)材料本身的性质。声波在固体材料中传输时都有不同程度的损耗。声损耗主要包括弹性阻尼损耗和黏性阻尼损耗。另外,FBAR 器件中的薄膜通常为多晶结构,晶格界限、晶格缺陷、晶格畸变和杂质都会引起声波的散射和吸收。

2)各膜层界面的粗糙度。FBAR 器件由多个薄膜层构成,声波在粗糙的薄膜界面上传播会产生散射,造成声波能量的损失。

3)声波的泄漏。这一问题主要存在于固体装配型器件中,如果布拉格反射层对声波的反射效果不够好,声波就会被泄漏到衬底中。前两个原因都与薄膜的沉积有关,因此提高薄膜的质量是提高 FBAR 器件性能的关键技术,很多研究者在这一方面做了大量的努力。另外,对固体装配型谐振器的热处理也可以提高器件的谐振性能。

(3)片上集成 FBAR 技术。FBAR 技术在实现射频器件的小型化方面是一大突破。然而,目前 FBAR 和相关电路是单独制作的,最后通过键合工艺组装。FBAR 的片上集成可进一步降低射频前端的体积和成本,使"系统单芯片集成"成为可能。在 Elbrecht 等人提出的验证性射频前端电路中,一个单端输入的低噪声放大器和一个中等插损的单一差分平衡-不平衡变换器驱动了频率为 2.14 GHz 的 FBAR 带通滤波器。滤波器的输出连接到一个全差分混频器,混频器使射频信号向下变频至基带频率,包括体声波滤波器,整个射频前端的芯片面积仅为 2.44 mm²。

(4)高频 FBAR 器件。目前,大量研究集中于工作在 L 波段(1.55 GHz)和 S 波段(1.55～3.4 GHz)的 PCS、W-CDMA 用 FBAR 器件的设计、制作和应用上。FBAR 技术的另一个发展方向是在更高频段的应用。减小压电薄膜的厚度可以提高 FBAR 的谐振频率。目前,谐振频率高于 5 GHz 以上的 FBAR 已经被多个研究组报道,而 Rey 等人利用厚度仅为 180 nm 的 AlN 薄膜,得到了谐振频率高达 8 GHz的固体装配型谐振器。另外,目前多数 FBAR 是在极品现在频率下工作的。如果采用高次谐波模式,FBAR 就可以工作在更高频段上。Chung 等人报道了在二次谐波下工作的 AlN 固体装配型谐振器,利用 Mo/Si 布拉格反射层的选频作用产生二次谐波。采用更高次谐波谐振模式还可降低谐振器的机电耦合系数,从而限制滤波器的相对通带,以适合极小窄带选择应用。高次谐波模式的应用将会为体声波器件开辟新的应用领域。

(5)谐振频率可调谐的谐振器件。最近,欧洲著名的 MEMS 研究机构 IMEC-MCP 在理论上实现了频率可调谐的 FBAR 谐振器。调谐频率的原理是在压电薄膜和下电极之间引入可变电容,这个外加电容会改变影响器件的谐振频率。器件上电极和压电薄膜淀积在一个悬臂梁上,压电薄膜与下电极之间存在一个空气隙,这个空气隙的电容就是外加的电容,悬臂梁的位置在外加静电场的作用下可以发生变化,空气隙的电容也就发生变化,从而调谐谐振器的频率。最终得到的器件具有明显的外加电场调谐性,外加 12 V 电压后,器件的写周期内频率达到21.9 MHz。

(6)声波传播的实时测量技术。为了解声波在 FBAR 电极平面的传播情况和材料的压电性能,Safar 等人通过 AFM 扫描处于谐振状态的压电薄膜,得到声波场的平面分布,测量的频率范围从 1 MHz 到 10 GHz。Paulo 等人同样利用 AFM 的在线检测,研究了热扩散环境中声波的传播状态。这些研究为建立 FBAR 的精确三维模型提供了实验数据。

(7)新型 FBAR 材料。除了目前常见的 AlN、ZnO 和 PZT 外,一些文献还报道了采用其他材料的谐振器。Alexandre 等人和 John 等人各自独立报道了采用铁电薄膜 $BaTiO_3$ 和 $Ba_xSr_{1-x}TiO_3$ 制备的固体装配型谐振器。由于铁电薄膜的机电耦合系数与外加电场有关,谐振器能够实现开关性、可调谐性。另外,ShiRata 等人报道了采用纳米金刚石薄膜制作硅背面刻蚀型 FBAR,薄膜厚度为 230 nm,器件谐振频率为 3.5 GHz,等效机电耦合系数为 0.038。

目前,FBAR 谐振器和传感器在数学模型、制备工艺和应用等方面还存在很多不完善之处。具体来说有以下几点:

(1)AlN 薄膜的制备。压电薄膜的性质决定了 FBAR 器件的性能。由于 AlN 优异的物理化学性质,成为 FBAR 的主流材料。采用反应溅射制备 AlN 薄膜是广泛使用的方法。虽然已经有研究组利用反应溅射获得了压电性能比较好的 AlN 薄膜,但是 AlN 薄膜的生长机制尚不完全明确,沉积条件对 AlN 薄膜织构的影响尚不完全清楚。另外,一些诸如 AlN 薄膜化学组分、应力控制、电极选择和表面粗糙度控制等的重要问题还没有系统的研究报道。

（2）AlN 薄膜的微加工方法。作为一种新兴的压电材料，与早期的 PZT、ZnO 薄膜相比，AlN 薄膜的微加工方法还比较有限，这极大地限制了 AlN 薄膜在 MEMS 中的应用。由于 AlN 薄膜及其稳定的化学性质，对 AlN 的刻蚀比较困难。高活性的氯基等离子体能够对 AlN 薄膜进行有效刻蚀，但氯基气体本身腐蚀性较高，对设备和环境有一定的要求。湿法刻蚀液主要是磷酸和碱液，但都需要较高的反应温度，不能使用光刻胶作为掩膜，刻蚀效果不够理想。

（3）FBAR 的数学模型。虽然利用一维的 BVD 模型（或 MBVD 模型）和普适等效电路可以模拟 FBAR 器件的频率响应，但仍存在一些局限性，如无法精确预测器件变形、膜层厚度不均匀和非对称激励等情况的器件响应。

（4）FBAR 传感器的理论和实验。FBAR 传感器的基本原理和 QCM 是相同的，但是由于压电层厚度小，很多电极、吸附层和外加质量对压电薄膜的影响不再可以忽略，特别是固体装配型器件的结构更加复杂，布拉格发射层和压电材料之间的相互影响更加明显。传统的 QCM 理论已经不再准确，针对 FBAR 传感器的理论尚不系统和完善。从实验上说，目前 FBAR 传感器还远不成熟，谐振器的制作工艺、针对 FBAR 的特定吸附功能层、器件的性能测试、封装等大量的基本问题还需要进行深入细致的工作。

5.2　传输矩阵法理论

研究 FBAR 的理论方法通常有两种，即等效电路法[9]和传输线路法[10,14]。本节利用传递矩阵原理和传输线路法来研究 FBAR 的谐振频率定征、电极效应和有效机电耦合系数优化等问题。

利用传递矩阵原理[11-14]，FBAR 的阻抗传递矩阵示意图如图 5.1 所示。

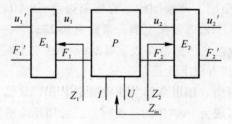

图 5.1　阻抗传递矩阵示意图

图中，P 表示压电薄膜层，E_1 和 E_2 分别表示顶电极和底电极。

根据传递矩阵理论[11-14]，压电层是三端口单元，一个端口是电端口，包括电压 U 和电流 I；其他两个端口都是声端口，包括力 F 和质点振动速度 u。如果一个声端口连接一个声阻抗 Z_{in}，则电端口可表示为[15]

$$\begin{bmatrix} U \\ I \end{bmatrix} = \begin{bmatrix} \boldsymbol{B} \end{bmatrix} \begin{bmatrix} F \\ u \end{bmatrix} \tag{5.1}$$

压电薄膜的传递矩阵

$$\begin{bmatrix} \boldsymbol{B} \end{bmatrix} = \frac{1}{\varphi H} \begin{bmatrix} 1 & j\varphi^2/\omega C_0 \\ j\omega C_0 & 0 \end{bmatrix} \begin{bmatrix} \cos\gamma + jZ_E\sin\gamma & Z_0(Z_E\cos\gamma + jZ_E\sin\gamma) \\ j\sin\gamma/Z_0 & 2(\cos\gamma - 1) + jZ_E\sin\gamma \end{bmatrix} \tag{5.2}$$

式中，$\varphi = k_i^2 C_0 Z_0 l/V$ 是 Mason 等效电路的转换比，这里 k_i^2 是压电薄膜的机电耦合系数；$C_0 = \varepsilon_{33}^S S/l$ 是面积为 S 的谐振器的钳定电容，ε_{33}^S 是压电薄膜垂直于表面方向的介电系数，l 是压电薄膜的厚度；$Z_0 = \rho v S$ 是密度为 ρ 的压电薄膜的声阻抗，v 是压电薄膜沿垂直于表面方向的体纵波声速；$H = \cos\gamma - 1 + jz_e\sin\gamma$，这里 $\gamma = \omega l/V$ 是压电薄膜中声波相位延迟，$\omega = 2\pi f$ 是角频率，Z_E 是声端口的声阻抗。

同理，根据传递矩阵理论，电极层作为各向同性物质，具有两个声学端口，则顶电极 E_1 的传递矩阵为

$$\begin{bmatrix} F_1 \\ u_1 \end{bmatrix} = \begin{bmatrix} \cos\gamma_{e1} & jZ_{e1}\sin\gamma_{e1} \\ j\sin\gamma_{e1}/Z_{e1} & \cos\gamma_{e1} \end{bmatrix} \begin{bmatrix} F_1' \\ u_1' \end{bmatrix} \tag{5.3}$$

式中 F_1' 因为声学自由而取为零；$\gamma_{e1} = \omega l_{e1}/v_{e1}$ 是声波在顶电极中传播时产生的相位延迟，l_{e1} 是顶电极厚度，v_{e1} 是顶电极中的纵声波速度；$Z_{e1} = \rho_{e1} v_{e1} S$ 是顶电极声阻抗，ρ_{e1} 是顶电极密度。

由式（5.3）可得

$$Z_1 = \frac{F_0}{u_0} = jZ_{e1}\tan\gamma_{e1} \tag{5.4}$$

底电极的传输矩阵公式为

$$\begin{bmatrix} F_2 \\ u_2 \end{bmatrix} = \begin{bmatrix} \cos\gamma_{e2} & jZ_{e2}\sin\gamma_{e2} \\ j\sin\gamma_{e2}/Z_{e2} & \cos\gamma_{e2} \end{bmatrix} \begin{bmatrix} F_2' \\ u_2' \end{bmatrix} \tag{5.5}$$

其中各参数的定义与顶电极相似，则可得

$$Z_2 = \frac{F_2}{u_2} = jZ_{e2}\tan\gamma_{e2} \tag{5.6}$$

则由式（5.1）、式（5.2）、式（5.4）和式（5.6）可得输入电阻抗

$$Z_{in} = \frac{v}{i} = \frac{1}{j\omega C_0}\left[1 - \frac{k_i^2}{\gamma} \cdot \frac{(z_1 + z_2)\sin\gamma + j2(1 - \cos\gamma)}{(z_1 + z_2)\cos\gamma + j(1 + z_1 \cdot z_2)\sin\gamma}\right] \tag{5.7}$$

其中，$z_1 = Z_1/Z_0$，$z_2 = Z_2/Z_0$。由输入阻抗公式（5.7）可计算 FBAR 的谐振频率。

5.3 薄膜体声波谐振器理论仿真与模拟

1. FBAR 的重要参数和评价指标

FBAR 作为一种微谐振器件,首要的参数是其工作的频率,即 FBAR 的谐振频率,如何设计并对实际器件进行频率精修是 FBAR 制作中非常重要的一个环节。除了谐振频率外,FBAR 的有效机电耦合系数和谐振品质因数也是评价 FBAR 性能的两个重要参数。笔者着重研究了如何定征 FBAR 的谐振频率,以及材料弹性对 FBAR 的有效机电耦合系数和谐振品质因数的影响,同时也研究了材料的机械品质因数与 FBAR 有效机电耦合系数和 FBAR 串联谐振品质因数之间的关系。

(1)谐振频率的定义和计算方法。由 IEEE176 - 1987 标准[16],考虑机械损耗时 FBAR 类振子的谐振频率定义为:振子阻抗中电阻(阻抗实部)最大时所对应的频率为该振子的并联谐振频率,振子导纳中电导(导纳实部)最大时所对应的频率为串联谐振频率。因此,可由阻抗公式(5.7)计算出对应最大电阻和最大电导时的频率,即并联和串联谐振频率。本书用 f_p 和 f_s 分别表示并联谐振频率和串联谐振频率。

1)有效机电耦合系数的定义。FBAR 有效机电耦合系数 k_{eff}^2 定义为

$$k_{\text{eff}}^2 = \frac{f_p^2 - f_s^2}{f_p^2} \tag{5.8}$$

由阻抗公式(5.7)分别计算出并联和串联谐振频率 f_p 和 f_s 后,代入式(5.8)可计算出有效机电耦合系数。

2)机械品质因数的定义。设压电薄膜弹性常量 $c_{33}^D = c_{33}' + jc_{33}''$,我们定义 $Q_m = \frac{c_{33}'}{c_{33}''}$,其中 c_{33}' 和 c_{33}'' 分别是压电薄膜弹性常量的实部和虚部,由压电体中的纵波速度公式

$$v = v' + jv'' = \sqrt{c_{33}^D / \rho} \tag{5.9}$$

可知,机械品质因数 $Q_m \approx v' / (2v'')$。因此,可通过定义复数速度而将机械品质因数引入阻抗公式中,从而评价机械品质因数对 FBAR 各参数及性能的影响。

3)谐振品质因数的定义。FBAR 的串联谐振品质因数 Q_s 定义为

$$Q_s = \frac{f_s}{f_2 - f_1} \tag{5.10}$$

由式(5.7)可计算出 f_s,f_1 和 $f_2(f_2 > f_1)$ 是 f_s 峰强度下降 3 dB 分别对应的频率。

2. FBAR 谐振频率的计算

在忽略振子振动的机械损耗，即认为 FBAR 材料的机械品质因数很大时，FBAR 的谐振频率定义为：并联谐振频率对应的是阻抗最大值，串联谐振频率对应的是阻抗最小值。Qingming Chen[10] 等人在这种假设下计算出 ALN 薄膜制作的 FBAR 的谐振频率曲线，相应曲线及参数如图 5.2 所示。

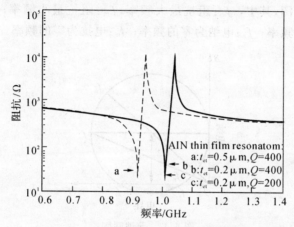

图 5.2 谐振曲线（Qingming Chen[10] 等）

由图 5.2 可见，不同厚度 AlN 膜的 FBAR 谐振频率差别很大，而相同厚度、不同机械品质因数的 AlN 膜制成的 FBAR 的谐振频率相差很小，但品质因数高的 FBAR 的曲线谐振峰陡度要大于低机械品质因数情形，我们用相同的方法和相同的参数重现了 Chen 等人的结果[14]，所得曲线如图 5.3 所示。

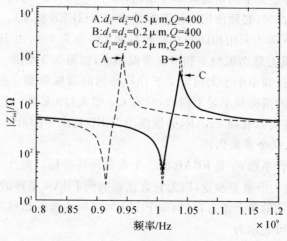

图 5.3 文献[14]谐振曲线重现

然而在 Chen 的文章中利用该无损定义研究了机械品质因数对机电偶合系数的影响,既然认为机械损耗存在,那么利用无损情形下的谐振频率定义来计算有损 FBAR 的谐振频率或相关参量存在矛盾。正确的方法是应使用 IEEE 1976－1987 的有损谐振频率定义对 FBAR 进行了相关研究。

谐振频率的有损定义和无损定义的区别可用导纳圆图说明。图 5.4 为有损压电振子的导纳圆图,其中,f_n:阻抗最大频率;f_m:阻抗最小频率;f_p:电阻最大频率;f_s:电导最大频率;f_a:电纳为零的频率;f_r:电抗为零的频率。

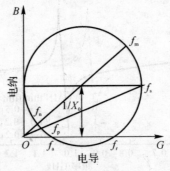

图 5.4　导纳圆图

由图 5.4 可知,无损定义的阻抗最大频率(并联谐振频率)即为 f_n,阻抗最小频率(串联谐振频率)即为 f_m;而 IEEE 标准定义的电阻最大频率(并联谐振频率)即为 f_p,电纳最大频率(串联谐振频率)即为 f_s。由导纳圆图可知,纵坐标为导纳的虚数项,代表损耗,而只有当损耗为零,即无损这种特殊条件下,导纳圆圆心平移至横轴上时,两种定义下的谐振频率才相同,即 $f_n=f_p$,$f_m=f_s$。因此当考虑到压电振子有损耗存在时,必须使用有损谐振频率定义(IEEE 标准)。

使用与 Chen 等人所用相同的材料和参量,Q_m 取为 200,由 IEEE 标准定义和公式(5.8)可得其并联谐振频率和串联谐振频率,如图 5.5 所示。由 IEEE 定义所计算出的串联谐振频率小于无损定义下计算得到的谐振频率。由此可见,有损和无损定义计算出的谐振频率是不同的,只有 Q_m 很大(即无损)时两者的结果才趋于一致,因而研究实际有损 FBAR,必须使用 IEEE 标准中的谐振频率有损定义。

3. 有效机电耦合系数优化

有效机电耦合系数 k_{eff}^2 是 FBAR 的一个重要评价指标。此外,压电薄膜的机电耦合系数 k_t^2 也是一个重要参量,因为它直接影响到 FBAR 器件的有效机电耦合系数。对于纵向振动的单个谐振器(例如 FBAR),忽略电极的机械效应,则其压电层的机电耦合系数可表示为

$$k_{\mathrm{t}}^{2} = \left(\frac{\pi}{2}\frac{f_{\mathrm{s}}}{f_{\mathrm{p}}}\right)\tan\left(\frac{\pi}{2}\frac{f_{\mathrm{p}}-f_{\mathrm{s}}}{f_{\mathrm{p}}}\right) \tag{5.11}$$

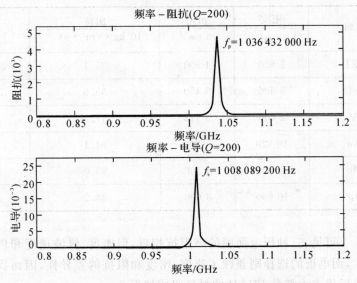

图 5.5　IEEE 标准下的并联和串联谐振频率

实际上,压电薄膜的机电耦合系数只取决于材料本身性质,而 FBAR 器件的有效机电耦合系数不仅与压电薄膜的机电耦合系数大小直接相关,并且还取决于电极材料的机械品质和厚度等参量。由公式(5.11)可知,有效机电耦合系数直接取决于 FBAR 的并联谐振频率和串联谐振频率,而谐振频率取决于输入阻抗,计算出 FBAR 的谐振频率后即可计算其有效机电耦合系数。

假设 FBAR 的上、下电极为相同材料以及相同厚度,则输入阻抗公式(5.7)可简化为

$$Z_{\mathrm{in}} = \frac{1}{\mathrm{j}\omega C_0}\left[1 - \frac{k_t^2}{\gamma}\frac{z\sin\gamma + \mathrm{j}(1-\cos\gamma)}{z\cos\gamma + (\mathrm{j}/2)(1+z^2)\sin\gamma}\right] \tag{5.12}$$

其中 $z = z_1 = z_2$,其他相关参量如公式(5.7)中定义。

计算中,设定声波的纵波传播速度为复数,即

$$v = \sqrt{C_{33}/\rho} = \left[(C' + \mathrm{j} \cdot C'')/\rho\right]^{1/2} \approx v' \cdot \left[1 + \mathrm{j}/2Q_{\mathrm{m}}\right] \tag{5.13}$$

其中 $v' = \sqrt{C'/\rho}$ 是复数声速的实部,$v'' = \sqrt{C''/\rho}$ 是虚部,则由机械品质因数的定义可知 $Q_{\mathrm{m}} = C'/C'' \approx v'/2v''$。本书用 $Q_{\mathrm{m}}^{\mathrm{f}}$ 和 $Q_{\mathrm{m}}^{\mathrm{E}}$ 分别表示压电薄膜的机械品质因数和电极的机械品质因数。

我们研究了 PZT、ZnO 和 AlN 三种压电薄膜在不同金属电极情形下 FBAR 的

有效机电耦合系数的优化问题,计算中所用的材料参数如表 5.1 所示。

表 5.1 计算用材料参数

材料	密度 $\mathrm{kg \cdot cm^{-3}}$	声速 $\mathrm{m \cdot s^{-1}}$	阻抗 $10^6 \mathrm{kg \cdot (m^2 \cdot s)^{-1}}$	$\dfrac{k_t^2}{\%}$
PZT	7 800	4 500	35.1	22.10
ZnO	5 606	6 350	35.6	7.50
Al	2 700	6 418	17.3	Na
Au	19 320	3 200	64.1	Na
Mo	10 000	6 300	63.0	Na
Ag	10 600	3 600	38.2	Na

由表 5.1 可见,三种压电薄膜的声阻抗相近,但密度、纵波速度和机电耦合系数差异性大,而电极的选择则兼顾了速度、密度和阻抗的差异性,因而我们选择的材料种类足以代表大部分 FBAR 的材料组成情形。

(1)机械品质因数对 FBAR 有效机电耦合系数的影响。机械品质因数代表了材料的机械品质,机械品质因数越高,则器件的机械损耗越小。我们研究机械品质因数对器件性能的影响,确切地说是研究材料机械损耗的影响。这一节中,我们分别研究了压电薄膜和电极的机械品质因数对 FBAR 有效机电耦合系数的影响。

我们计算了压电薄膜的机械品质因数(Q_m^f)和电极机械品质因数(Q_m^E)对有效机电耦合系数(k_{eff}^2)的影响,为了便于定量 k_{eff}^2 的变化幅度,我们取器件的有效机电耦合系数和压电薄膜自身的机电耦合系数的比值(k_{eff}^2/k_t^2)为纵坐标变量,得到压电薄膜的机械品质因数对不同电极组合的 FBAR 有效机电耦合系数的影响曲线,如图 5.6(a)所示,Chen 等人相关的结论如图 5.6(b)所示。因为 PZT、ZnO 和 AlN 三种压电薄膜组合不同电极的相关结论相似,这里我们只给出 AlN 压电薄膜与 Al,Au,Mo 和 Ag 四种电极组合的 FBAR 的相关结论曲线,其中 ALN 膜厚度 $l=1.78~\mu m$,电极厚度 $d_e=0.2~\mu m$。

由图 5.6(a)可知,具有相同厚度、不同材料的电极对 FBAR 的有效机电耦合系数的影响明显不同,其中以钼(Mo)电极的性能最好,而金(Au)、铝(Al)和银(Ag)依次次之。同时,由图 5.6(a)可看出,仅仅当压电薄膜机械品质因数 $Q_m^f<80$ 时,有效机电偶合系数会随 Q_m^f 增加而略微增大;当 $Q_m^f>80$ 时,四种不同电极的 FBAR 的有效机电耦合系数不随 AlN 机械品质因数的变化而改变。由于正常情形的 AlN 的机械品质因数远大于 80,因此 AlN 的机械品质因数对 FBAR 的有效机电耦合系数没有影响。然而,由图 5.6(b)可看出,Chen 等人的结论是:FBAR 的有效机电耦合系数在比较大的范围内($Q_m^r < 800$),随压电薄膜的机械品质因数增加而明显下降;只有在 Q_m^r 足够大时($Q_m^r > 800$),有效机电耦合系数几乎不随压电薄膜的机械品质因数变化而变化。为了更清晰地对比两种结论的区别,我们采用与图 5.6(b)所示曲线相同的参数,利用 IEEE 标准定义计算了影响曲线,两种结果的对比曲线如图 5.7 所示。由图 5.7 可看出,两种结论有明显区别,而造成如此差异的原因在于 Chen 等人错用无损谐振频率定义来研究有损问题。

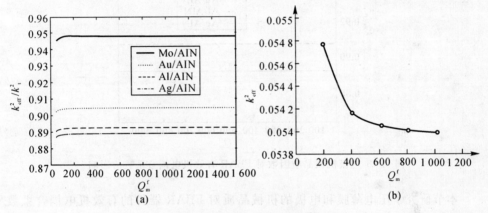

图 5.6 机械品质因数对比

(a) 压电薄膜 Q_m^r 对 k_{eff}^2 的影响;(b) Chen 等人的结论

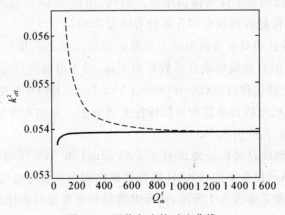

图 5.7 两种方法的对比曲线

电极的机械品质因数对 FBAR 的有效机电耦合系数的影响曲线如图 5.8 所示,计算中,AlN 的机械品质因数取为 1 000。由图 5.8 可见,电极的机械品质因数对 FBAR 的有效机电耦合系数没有影响,为了进一步验证这一结果,采用不同厚度的钼电极($d_e=0$, $0.1~\mu m$ 和 $0.4~\mu m$)计算,结果显示不同厚度电极的机械品质因数对 FBAR 的有效机电耦合系数仍然没有影响。

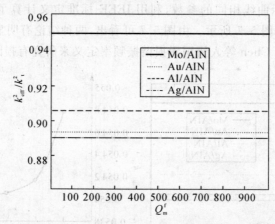

图 5.8 电极机械品质因数对 FBAR 有效机电耦合系数的影响

本节研究了压电薄膜和电极的机械品质对 FBAR 器件的有效机电耦合系数的影响,结果表明,压电薄膜和电极的机械品质因数的改变对 FBAR 的有效机电耦合系数没有影响,纠正了 Chen 等人的 FBAR 有效机电耦合系数随压电薄膜机械品质因数增加而明显下降的错误结论。然而,由图 5.6(a)和图 5.8 可看出,不同的电极对 FBAR 的有效机电耦合系数有明显影响。

(2)电极弹性性质对有效机电耦合系数的影响。在上一节中,我们看到不同电极材料对 FBAR 的有效机电耦合系数影响明显,对于电极弹性参量对有效机电耦合系数的影响,一种优化过的(Butterworth Van Dyke,BVD)等效电路被广泛应用于 FBAR 的有效机电耦合系数和谐振特性的研究中。在这种方法中,电极被视为一种独立的声阻抗元件引入[9]。

笔者利用传输线路法广泛地研究了 PZT,ZnO 和 AlN 压电薄膜与不同电极(Mo,Au,Al 和 Ag)组合下的,FBAR 的有效机电耦合系数与电极的弹性参量之间的关系。相关的参量如表 5.1 所示,而压电薄膜和电极材料弹性的差异性,使得该项研究能囊括 FBAR 的大多数可能的结构组合。

首先,我们研究了电极的面密度($\rho_e d_e$)对有效机电耦合系数的影响。为了使结果更具实际性并有定量的表示,我们取电极与压电薄膜的面密度比率($m' = \rho_e d_e / \rho l$)为变量,取 FBAR 考虑电极效应时的有效机电耦合系数与忽略电极效应时($d_e = 0$)的有效机电耦合系数比率($k_{eff}^2 / k_{eff}^2(0)$)为研究量进行研究。12 种不同组合下的面密度影响曲线如图 5.9 所示。

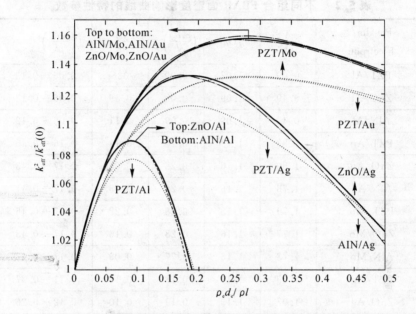

图 5.9　不同组合下电极面密度对有效机电耦合系数的影响

由图 5.9 可以看出,当电极的面密度远小于压电薄膜的面密度时,即($m' = \rho_e d_e / \rho l < 0.05$),不同电极材料对有效机电耦合系数的影响呈现相似的线性增长规律;随着面密度比率增大,不同组合下的有效机电耦合系数变化出现差异,但所有组合都呈现单峰值,即不同材料电极的面密度对有效机电耦合系数来说存在一个最优值。取以下三个参量来研究曲线的变化规律。

1) 各曲线最大值 $k_{eff}^2(m')$。

2) 对应曲线极大值的面密度比率 $m'_c = (\rho_e d_e / \rho l)_c$。

3) 曲线极值下降 0.1 dB 的带宽($\rho_e d_e / \rho l$)$_{-0.1dB}$。

不同组合 FBAR 的三个研究参量如表 5.2 所示。由图 5.9 和表 5.2 可看出,电极与压电薄膜的阻抗比率决定了不同组合下的面密度影响曲线的变化规律,其中也包括各曲线的极大值和极大值的位置,因为 PZT、ZnO 和 AlN 具有相近的声阻抗,因而电极的声阻抗就成为影响曲线的主要因素。由电极的声阻抗大小可分为三组,从大到小依次为:Au 和 Mo 电极,Ag 电极,Al 电极。由图 5.9 可见,曲线的变化规律、极值大小、极值对应的位置和-0.1 dB 带宽也按此规律变化,并且电极阻抗越大,相同面密度下有效机电耦合系数的增量就越大,极值对应的面密度越大,而-0.1 dB 带宽越宽。

表 5.2　不同组合 FBAR 面密度影响曲线的特性参数

Pie-film/ Electrode	$\dfrac{\rho_e V_e}{\rho V}$	$k_{\text{eff}}^2(m')$	$\left(\dfrac{\rho_e d_e}{\rho l}\right)_C$	$\dfrac{d_e}{l}$	$\left(\dfrac{\rho_e d_e}{\rho l}\right)_{-0.1\text{dB}}$
PZT/Al	0.49	1.07	0.09	026	0.06－0.13
ZnO/Al	0.49	1.09	0.09	0.19	0.06－0.12
AlN/Al	0.47	1.09	0.09	0.11	0.06－0.12
PZT/Au	1.83	1.13	0.28	0.16	0.16－0.45
ZnO/Au	1.80	1.16	0.28	0.08	0.17－0.43
AlN/Au	1.76	1.16	0.28	0.05	0.17－0.41
PZT/Mo	1.79	1.13	0.28	0.22	0.17－0.46
ZnO/Mo	1.77	1.16	0.28	0.16	0.17－0.43
AlN/Mo	1.73	1.16	0.27	0.09	0.17－0.42
PZT/Ag	1.09	1.11	0.18	0.13	0.11－0.27
ZnO/Ag	1.07	1.13	0.19	0.10	0.12－0.26
AlN/Ag	1.05	1.13	0.18	0.06	0.12－0.26

利用这些结果,我们可以对 FBAR 进行优化以获取最大的有效机电耦合系数。例如,一个由 AlN 压电薄膜和 Mo 电极构成的 FBAR,其谐振频率为 $f_p = 1.9$ GHz,则可利用下式

$$f_p \approx \frac{V}{2l}\left(1 + 2 \times \frac{\rho_e d_e}{\rho l}\right)^{-1} \tag{5.14}$$

来确定最大有效机电耦合系数时 Mo 电极的厚度。

由表 5.2 可知,对应极大值时 $\rho_e d_e / \rho l = 0.27$,则由公式(5.14)知,压电薄膜的厚度应为 $l = 1.89\ \mu m$,则可知,电极厚度 $d_e = 0.17\ \mu m$ 时,该 FBAR 有效机电耦合系数最大。

随着微加工工艺的发展,工艺上很容易制备 $1 \sim 5\ \mu m$ 厚的压电薄膜,也有成熟的技术对电极厚度进行修饰,精度可以高达几个 Å,因而我们的研究结论可应用

于实际 FBAR 的设计与优化中。

研究与设计 FBAR,除了要考虑获取最大有效机电耦合系数外,还需要兼顾其他方面的指标。例如,另一重要参数 —— 谐振频率,利用所得的结论可通过在有效机电耦合系数峰值$(\rho_e d_e/\rho l)_{-0.1dB}$带宽内适当改变压电薄膜或／和电极材料和厚度,在较大范围调整 FBAR 的谐振频率以兼顾较高的有效机电耦合系数和特定的谐振频率的要求。仍以前面用的 1.9 GHz 的 FBAR 为例,其 $-0.1dB$ 带宽为$(\rho_e d_e/\rho l)_{-0.1 dB} = 0.17 \sim 0.42$,在这个范围取值可以保证有效机电耦合系数只下降 0.1 dB,则由公式(5.14)可得,取下限$(\rho_e d_e/\rho l)_{-0.1dB} = 0.17$ 时,AlN 压电薄膜的厚度应为 $l = 2.17 \ \mu m$,电极厚度应为 $d_e = 0.12 \ \mu m$;取上限$(\rho_e d_e/\rho l)_{-0.1 dB} = 0.42$ 时,AlN 压电薄膜的厚度 $l = 1.58 \ \mu m$,电极厚度应为 $d_e = 0.22 \ \mu m$。在这个范围内对压电薄膜和电极厚度进行修饰,可以有效地兼顾高有效机电耦合系数和特定的谐振频率。

为了更进一步地明确电极密度和厚度对 FBAR 有效机电耦合系数的影响,我们研究了有效机电耦合系数、电极密度和厚度的三维曲线,如图 5.10 所示。其中,取 AlN 膜厚度 $l = 1.78 \ \mu m$,$Q_m^f = 10\ 000$ 和 $v_e = 6\ 300$ m/s。

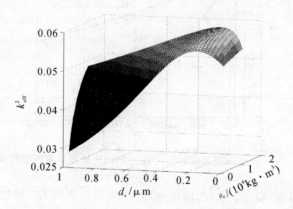

图 5.10   电极厚度和密度对有效机电耦合系数的影响

由图 5.10 可看出,FBAR 的有效机电耦合系数随薄膜厚度和电极密度的变化明显。在低密度电极材料时,电极厚度增大明显降低了 FBAR 的有效机电耦合系数;同时,在电极厚度较厚时,电极密度越大越有利于获取高的有效机电耦合系数。利用图 5.10 中的曲线,可以充分地考虑电极材料特性对 AlN 压电薄膜 FBAR 有效机电耦合系数的影响,在考虑到其综合性能的同时,选取适当的电极材料以获取更好的机电耦合性能。

4. 谐振品质因数优化

FBAR 的谐振品质因数 Q_s 是 FBAR 性能参数的另一重要指标,尤其是对于频率控制系统中的 FBAR,FBAR 的串联谐振品质因数 Q_s 如式(5.10)定义。

压电薄膜和电极的机械品质因数对 FBAR 谐振品质因数的影响及其与 Q_s 的量化关系是 FBAR 研究与应用中急需解决的问题,本节对这个问题做了详细研究,同时也研究了电极的弹性性质对 Q_s 的影响,所得结论有望用于 FBAR 的谐振性能优化中。

(1)机械品质因数对 FBAR 谐振品质因数的影响。取 AlN 薄膜组合不同的电极来研究压电薄膜机械品质因数对有效机电偶合系数的影响,其中取压电薄膜厚度 $l = 1.78~\mu\mathrm{m}$,电极厚度 $d_e = 0.2~\mu\mathrm{m}$,电极机械品质因数 $Q_m^E = 500$,为了更好地表征 Q_s 随 Q_m^f 的变化曲线,取 $R_q = Q_s/Q_m^f$ 为研究参量,得到影响曲线如图 5.11 所示。

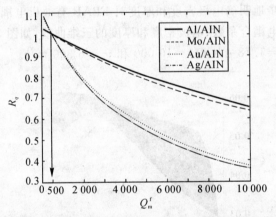

图 5.11 压电薄膜机械品质因数与 FBAR 谐振品质因数的关系

由图 5.11 可见,Q_s 随 Q_m^f 的增加而增大,增长速率随 Q_m^f 增加而增大,不同电极下,Q_s 随 Q_m^f 的增长速率不同,Al 和 Mo 电极情形增长速率较大,Au 和 Ag 电极则明显小于前者,这主要是因为 Al 和 Mo 电极中的声速相近,而明显大于另一组相近声速材料 Au 和 Ag,在声速大的电极中声传播的时间短,相移较小,因而对谐振频率(或驻波波长)的影响小,而声速小的则反之。

但对于所有的曲线,当压电薄膜的机械品质因数与电极的机械品质因数相同($Q_m^f = Q_m^E = 500$)时,FBAR 的谐振品质因数与压电薄膜和电极的机械品质因数相同。为了进一步证明这个结论,我们取了不同 FBAR 组合、不同 Q_m^E 的情形进行计算,所得结论相同。

　　由上面结论知,电极的厚度直接影响声波在电极中传播对 FBAR 谐振品质因数造成的累积效应。因此,需要研究不同电极厚度时压电薄膜机械品质因数对 FBAR 谐振品质因数的影响。

　　仍取 AlN 薄膜和 Mo 电极组合的 FBAR,取电极厚度分别为 $d_e = 0, 0.1, 0.2$ 和 $0.4\ \mu m$,其他参量不变,得到相关结论如图 5.12 所示。由图 5.12 可见,对于不同厚度电极,当压电薄膜机械品质因数与电极机械品质因数相同时,$Q_s = Q_m^f$,这与前面的结论相同。并且,当电极厚度为零(理想状态)时,FBAR 的谐振品质因数恒等于压电薄膜的机械品质因数,随着电极厚度增加,Q_s 随 Q_m^f 增加而增长的速率下降;但随着压电膜的机械品质因数的增加,FBAR 的谐振品质因数恒增大,随着 Q_m^f 增大,其增长速率下降,而其总体增长速率受电极厚度直接影响。

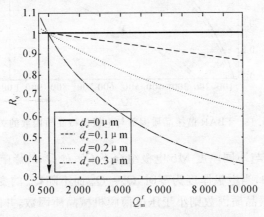

图 5.12　不同电极厚度时 Q_m^f 与 Q_s 的关系

　　由此可见,压电薄膜的机械品质因数直接影响 FBAR 的谐振品质因数,当电极厚度很小($d_e \approx 0$)时,$Q_m^s \approx Q_m^f$,这个重要结论可用于压电材料的机械品质因数测量和表征中;当电极厚度不可忽略时,压电薄膜的机械品质因数的提高,有利于 FBAR 谐振品质因数的提高;同时,当压电薄膜机械品质系数一定时,电极厚度增加会直接造成 FBAR 的谐振品质因数下降,这也是 FBAR 的设计与制作中应该重视的问题。

　　由压电膜机械品质因数对谐振品质因数影响的研究中,我们发现电极效应对 Q_m^s 的影响非常明显,因此研究了电极机械品质因数对 FBAR 谐振品质因数的影响。

　　取 AlN 和四种电极的 FBAR 组合,电极厚度 $d_e \approx 0.2\ \mu m$,$Q_m^f = 10\ 000$,其中,

仍取 $R_q = Q_s/Q_m^f$ 为研究变量,则在此参数下电极品质因数对 FBAR 谐振品质因数的影响曲线如图 5.13 所示。由图 5.13 可知,FBAR 的谐振品质因数随着电极机械品质因数的增加而明显增大,并且不同电极材料下 FBAR 的谐振品质因数明显不同,高声速电极材料有利于获得高的谐振品质因数,在这方面,铝和钼电极呈现出良好特性。

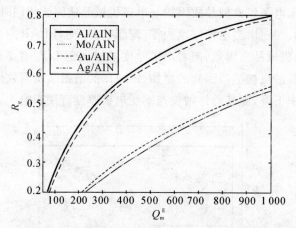

图 5.13　FBAR 谐振品质因数与电极机械品质因数的关系

AlN 压电薄膜与不同厚度 Mo 电极组合下 Q_m^E 对 Q_s 的影响曲线如图 5.14 所示。由图 5.14 可知,当电极厚度为零时,$Q_m^s = Q_m^f$ 而不随 Q_m^E 的变化而变化;当电极厚度不为零时,谐振品质因数则小于压电薄膜机械品质因数,并随电极机械性能提高而增大,并逐渐趋近于 Q_m^f;Q_s 随电极厚度的增加而减小,电极厚度越大,则 Q_s 的随 Q_m^f 增加而改善的速率越小。由此可知,薄电极更容易获得较高的谐振品质因数和良好的性能改善潜力。

PZT 和 ZnO 薄膜组合不同电极的 FBAR 的相关结论与本节结论相似,这里不再赘述。

(2) 电极弹性性能对 FBAR 谐振品质因数的影响。为了定量地研究电极效应对 FBAR 谐振性能的影响,我们研究了电极和压电薄膜的面密度比率以及厚度比率对 Q_s 的影响。采用 ZnO 和 AlN 两种压电薄膜与不同电极组合,所得结果分别如图 5.15(a) 和(b)所示,其中 AlN 和 ZnO 薄膜厚度分别为 $1.78~\mu m$ 和 $1.01~\mu m$,压电薄膜和电极的机械品质因数分别设为 $Q_m^f = 10,000$ 和 $Q_m^E = 500$。

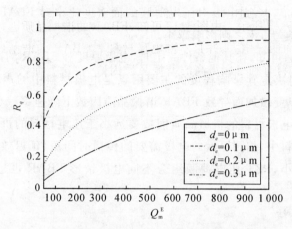

图 5.14　FBAR 谐振品质因数与电极机械品质因数的关系

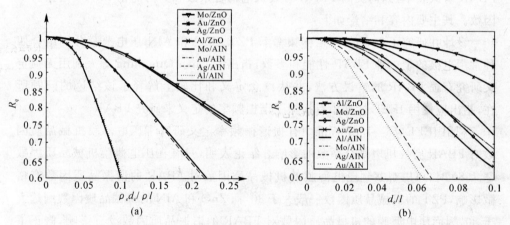

图 5.15　电极面密度及厚度对 Q_s 的影响

(a) 电极面密度对 Q_s 的影响；(b) 电极厚度对 Q_s 的影响

　　由图 5.15(a)知，随着电极面密度的增大，FBAR 的谐振品质因数急剧减小，而 8 种组合 FBAR 的曲线清晰地分为 3 组，即 ZnO/Mo，ZnO/Au，AlN/Mo 和 AlN/Au 四个组合为第一组，ZnO/Ag 和 AlN/Ag 两个组合为第二组，ZnO/Al 和 AlN/Al 两个组合为第三组。由表 5.2 中的阻抗参数可知，第一组中四组合电极对压电薄膜的阻抗比率分别为 1.77，1.80，1.73 和 1.76，四组值非常接近；而第二组的值要小于第一组，两组合的阻抗比率分别为 1.07 和 1.05；第三组的阻抗比率分别为 0.49 和 0.47。不难看出电极对压电薄膜的阻抗比率直接影响了曲线的分布规律,电极阻抗越小,则电极对压电薄膜的面密度比率对 FBAR 的谐振品质因数的负面影响就越大,反之则影响越小。

由图 5.15(b)可知,在其他条件一定时,电极厚度对 FBAR 的谐振品质因数的影响明显,而此时决定其影响程度的主要因素是电极材料中的声速参数,声速越大,则由于电极厚度增加而导致 FBAR 谐振品质因数下降速率减小,反之则越大。这是因为设定的电极材料的机械品质因数要远小于压电材料的机械品质因数,而声速大的电极材料中,相同厚度的电极需要的传播时间短,延迟效应小,对谐振品质因数的影响就小,PZT 压电薄膜组合不同电极情形 FBAR 也呈现相似的变化规律。

5. 讨论与总结

本章介绍了利用传输线路法推导 FBAR 的输入阻抗公式,研究了如何定征 FBAR 谐振频率,如何提高 FBAR 有效机电耦合系数和如何优化 FBAR 谐振品质因数。其主要内容和结论如下:

设计并研究了 1.9 GHz 工作频率下 PZT、ZnO 和 AlN 压电薄膜分别组合四种常用电极的十二种 FBAR 性能和参数,指出了 Chen Qingming 等人利用无损定义研究有损 FBAR 的错误方法,并从概念定义和比较上解释了该结论的问题所在,指出应使用 IEEE 标准中有损振子谐振频率的定义来研究 FBAR。

利用 IEEE176-1987 标准中有损谐振频率定义研究了压电薄膜机械品质因数对 FBAR 有效机电耦合系数的影响。结论表明,只有在压电薄膜机械品质因数 $Q_m < 80$ 时,可以观察到压电薄膜的机械品质因数对 FBAR 的谐振品质因数有略微影响,PZT 的机械品质因数一般大于 80,而 ZnO 和 AlN 的机械品质因数则远大于 80,因而压电薄膜的机械品质因数对 FBAR 的谐振品质因数没有影响,修正了 Chen Qingming 等人在较大范围内 FBAR 有效机电耦合系数随压电薄膜的机械品质因数增加而减小的错误结论。

研究了电极的弹性性质(电极面密度),电极厚度和密度对 FBAR 有效机电耦合系数的影响,结论表明,当电极与压电薄膜面密度比率达到一定值时,FBAR 的有效机电耦合系数存在极大值,而该极大值相对理想情况(忽略电极效应)的有效机电耦合系数的增加值,以及该极大值所对应的面密度比率值取决于电极对压电薄膜的阻抗比率。该结论以及电极厚度和密度对有效机电耦合系数影响的三维曲线可应用于实际 FBAR 的设计、制作和性能优化中。

与此同时也研究了压电薄膜和电极的机械品质因数对 FBAR 的谐振品质因

数的影响。结论表明,当电极厚度很薄时(忽略电极效应),FBAR 的谐振品质因数恒等于压电薄膜机械品质因数,该结论可应用于压电薄膜的机械品质因数的测量。结果表明,压电薄膜机械品质因数增大,FBAR 的谐振品质因数也增大,而增加的速率与电极材料的声速有直接关系,声速越大,谐振品质因数随压电薄膜的机械品质因数增加而增大的比例越大;而对于相同材料、不同厚度的电极,谐振品质因数随压电薄膜机械品质因数增加而增大的比例因电极厚度的增加而减小,然而不论何种电极材料或者何种电极厚度,当压电薄膜的机械品质因数与电极机械品质因数相同时,FBAR 的谐振品质因数都等于压电薄膜的机械品质因数。

电极机械品质因数对 FBAR 谐振品质因数也有明显影响,电极机械品质因数的提高有利于提高 FBAR 的谐振品质因数,对于相同厚度和不同电极材料的情形,电极的机械品质因数对谐振品质因数的影响不同,声速大的电极材料更有利于获得高的谐振品质因数,这是因为声速大会尽量减少声波在电极中的延迟时间,从而使得传输损耗减小;同理,对于同种材料不同厚度的电极,电极厚度的增加会直接导致机械损耗增大,从而降低 FBAR 的谐振品质因数。

除上述研究外,我们还研究了电极的弹性性质对 FBAR 谐振品质因数的影响,结果表明,电极与压电薄膜的面密度比率对 FBAR 谐振品质因数影响明显,谐振品质因数随电极面密度的增加而急剧下降,不同电极材料下降速率不同,下降速率取决于电极材料与压电材料的阻抗比率,电极阻抗越大,则谐振品质因数随面密度比率增加而下降的趋势越缓慢,产生这种现象的原因在于高阻抗的电极会使绝大部分声波在电极与压电膜交界面处反射,从而减少在电极中传播的机械损耗,从而降低电极效应产生的负面影响。这些结论可作为 FBAR 器件设计和优化的有力参考。

参考文献

[1] Khanna A P S, Gane E, Chong T. A 2 GHz Voltage Tunable FBAR Oscillator[J]. IEEE MTT - S International Microwave Symposium Digest, 2003, 717 - 720.

[2] Tournier M A E, Dubois M A, Parat G, et al. IEEE International Solid-State Circuits Conference, 2006, 17.5.

[3] Elbarkouky M, Wambacq P, Rolain Y. A Low-power 6. 3 GHz Overtone-based

Oscillator in 90 nm CMOS Technology[J]. IEEE PRIME,2007,61 - 64.

[4] Dubois M A,Billard C,Carpentier J F,et al. Above-IC FBAR Technology for WCDMA and WLAN Applications[J]. IEEE Ultrasonic Symposium, 2005, 85 - 88.

[5] Ruby R,Bradley P,Larson Ⅲ J D,et al. PCS 1 900 MHz Duplexer Using Thin Film Bulk Acoustic Resonators (FBARs) [J]. Electronics Letters, 1999,35(10),794 - 795.

[6] Larson Ⅲ J D,Ruby R,Bradley P,et al. A BAW Antenna Duplexer for the 1900 MHz PCS Band[J]. IEEE Ultrasonics Symposium,1999,887 - 890.

[7] Bradley P D,Ruby R,Barfknecht A,et al. A 5 mm×5 mm×1. 37 mm Hermetic FBAR Duplexer Handsets with Wafer-Scale Packaging[J]. IEEE Ultrasonics Symposium,2002,931 - 934.

[8] 何杰,刘荣贵,马晋毅.薄膜体声波谐振器(FBAR) 技术及其应用[J]. 压电与声光,2007,29(4):379 - 385.

[9] Pao S Y, Chao M C,Wang Z,et al. Analysis and Experiment of HBAR Frequency Spectra and Applications to Characterize the Piezoelectric Thin Film and to HBAR Design[J]. IEEE Int. Freq. Cont. ,2002,27 - 35.

[10] Chen Q,Wang Q. The Effective Electromechanical Coupling Coefficient of Piezoelectric Thin-film Resonators [J]. Appl. Phys. Lett, 2005, 86, 022904.

[11] Sittig E K. Effects of Bonding and Electrode Layers on the Transmission Parameters of Piezoelectric Transducers Used in Ultrasonic Digital Delay Lines[J]. IEEE Trans. Sonics and Ultrasonics,1969,16 (1):2 - 10.

[12] Wang Z,Zhang Y,Cheeke J D N. Characterization of Electromechanical Coupling Coefficient of Piezoelectric Film Using Composite Resonators[J]. IEEE Trans. Ultrason. Ferroelect. Freq. Contr. ,1999,46(5):1327 - 1330.

[13] Zhang Y,Wang Z,Cheeke J D N. Resonant Spectrum Method to Characterize Piezoelectric Films in Composite Resonators[J]. IEEE Ultrason. Ferroelect. Freq. Contr. ,2003,50(3):321 - 333.

[14] Zhang T,Zhang H, Wang Z,et al. Effects of Electrodes on Performance Figures of Thin Film Bulk Acoustic Resonators[J].J. Acoust. Soc. Am.

2007,122:1646 - 1651.

[15]　张辉,微型超声器件的研制与机理分析[D].中国学术期刊博士论文数据库,2006.

[16]　"IEEE Standard on Piezoelectricity (ANSI/IEEE Std. 176 - 1987)",IEEE Trans Ultrason. ,Ferroelect. ,Freq. Contr, ,2000,43(5):40 - 51.

后　记

　　笔者在本书中介绍了可应用于声学器件、压电器件、MEMS 和铁电器件的三元系 PMnN－PZT 铁电薄膜，并对薄膜体声波谐振器（FBAR）的理论计算与性能优化进行了研究。

　　首先，在氧化镁基异质结构基底上利用磁控溅射方法制备了 6％摩尔 PMnN 添加的 PZT(45/55) 三元系铁电薄膜，即 0.06PMnN－0.94PZT(45/55)，并给出薄膜的制备条件和热处理方法。该三元系铁电薄膜呈现强(001)单晶取向，薄膜表面平整、质地致密，薄膜与基底匹配性好，几乎无残余应力存在。该薄膜具有高压电性和强铁电性，其压电性可以接近 MPB 的体二元系 PZT 陶瓷的压电性相媲美，而其铁电滞回曲线呈现典型的硬铁电响应，剩余极化强度高达 60 $\mu C/cm^2$。同时，该薄膜具有低的相对介电系数和介电损耗因子。高压电性和出色的铁电性、低介电系数和介电损耗因子，以及潜在的高机械品质因数，使得 0.06PMnN－0.94PZT(45/55) 三元系铁电薄膜有望应用于压电器件、声学器件、MEMS 和铁电器件的制备中。

　　其次，在硅基异质结构基底上制备了不同比例 PMnN 添加的 PZT(52/48) 薄膜，不同比例 PMnN 的添加对 PZT 的影响呈现明显的规律性。在低混合比例（小于 20％）时，其 XRD 谱显示薄膜为(001)、(101)和(111)三个方向混合生长的多晶薄膜，薄膜呈现钙钛矿相。其中，非掺杂的 PZT(52/48) 和 6％摩尔 PMnN 添加 PZT(52/48) 薄膜的主要结晶方向为(111)方向；而过量 PMnN 添加(30％)的薄膜的 XRD 图谱出现 Nb 氧化物的焦绿石峰和非晶衍射谱。这表明该 PMnN 添加比例 PZT 薄膜存在复杂的结构和成分，Nb 的氧化物峰的出现说明 PMnN 的添加过量，而过量 PMnN 添加会导致薄膜出现钙钛矿相和焦绿石相共存的非晶结构。PMnN 的添加能有效改善铁电薄膜的铁电性，然而过量添加会导致铁电性下降、铁电曲线出现病态非收敛特性；另一方面，PMnN 的添加也会使得 PZT 薄膜的介电系数和介电耗散因子增大，同时也造成 PZT 薄膜的居里温度下降。综合不同 PMnN 添加比例的结果与规律可发现，适当 PMnN 添加比例（≤10％）的三元系薄膜，例如 6％摩尔添加比例的 PMnN－PZT(52/48)，能够在具有较高的居里温度、较低的介电耗散因子和适当介电系数的前提下具有出色的铁电性能，该薄膜有望应用于实际铁电器件制备中。

　　此外，为了将 PMnN－PZT 三元系铁电薄膜进一步推向实用，我们在硅基异

质结构基底上成功制备出具有高压电性和良好铁电性的 6% PMnN 添加的 PZT
(50/50)薄膜，即 0.06PMnN - 0.94PZT(50/50)，该薄膜亦为(111)晶格方向优势
生长的多晶铁电薄膜，其横向压电应力系数接近相同条件下制备的非掺杂二元系
PZT(50/50)薄膜的两倍，也明显大于相应二元系体材料的压电系数，同时也大于
在氧化镁基底上制备的 0.06PMnN - 0.94PZT(45/55)薄膜的压电系数。
0.06PMnN - 0.94PZT(50/50)薄膜的铁电性明显优于非掺杂二元系 PZT(50/50)
薄膜的铁电性，且 PMnN 的添加使得该三元系铁电薄膜的相对介电系数和介电损
耗因子增大，居里温度降低，这些结果符合 PMnN 添加对 PZT 的改性规律。在硅
基底上高压电性和良好铁电性三元系 PMnN - PZT 薄膜的成功制备，克服了氧化
镁基底上生长薄膜的不可集成、耐腐蚀性差和高成本的缺点，进一步推进了该三元
系铁电薄膜在实际压电器件、铁电器件和 MEMS 中的应用。

　　同时，笔者采用传递矩阵方法对薄膜体声波谐振器(FBAR)进行了理论研究，
提出应用有损谐振频率定义来计算和表征 FBAR 的谐振频率，修正了 Chen 等人
的错误结论，并利用传递矩阵和传输线方法相结合推导了 FBAR 的输入阻抗公
式，并利用该公式计算了多种材料组合下 FBAR 的谐振频率、有效机电耦合系数
和谐振品质因数，研究了压电薄膜和电极材料的机械品质因数和弹性参数等参量
对 FBAR 有效机电耦合系数、谐振品质因数等性能的影响。结果表明：压电薄膜
的机械品质因数不影响 FBAR 的有效机电耦合系数；对不同材料组合的 FBAR，
电极与压电薄膜阻抗比率决定了电极对压电薄膜面密度比率对 FBAR 有效机电
耦合系数的影响分布，有效机电耦合系数的极值大小以及极值所对应的面密度比
率都取决于电极对压电薄膜的面密度比率，并以具体实例计算了在极值附近兼顾
谐振频率与有效机电耦合系数来综合优化 FBAR 性能的方法。此外，压电薄膜和
电极材料的机械品质因数直接影响 FBAR 的谐振品质因数，高的机械品质因数有
利于获得高的谐振品质因数。当电极厚度很薄时，FBAR 的谐振品质因数等于压
电薄膜的机械品质因数；当电极厚度不可忽略时，电极厚度越薄、电极材料中的体
声波速度越大，则越有利于获取高的谐振品质因数。以上结论可应用于实际
FBAR 的制作设计与优化中。

　　本书所论述的主要研究内容如上，相应的结果与结论有望在实际生产中得以
应用。

张涛

2012 年 6 月